高职院校移动应用开发系列教材

Android应用程序开发初级教程

主　编　何智勇
副主编　戴　娟

南京大学出版社

图书在版编目(CIP)数据

Android 应用程序开发初级教程 / 何智勇主编. ——
南京:南京大学出版社,2017.1
高职院校移动应用开发系列教材
ISBN 978-7-305-17975-4

Ⅰ. ①A… Ⅱ. ①何… Ⅲ. ①移动终端—应用程序—
程序设计—高等职业教育—教材 Ⅳ. ①TN929.53

中国版本图书馆 CIP 数据核字(2016)第 298220 号

出版发行	南京大学出版社
社　　址	南京市汉口路 22 号　　邮编　210093
出 版 人	金鑫荣
丛 书 名	高职院校移动应用开发系列教材
书　　名	Android 应用程序开发初级教程
主　　编	何智勇
责任编辑	王秉华　吴　华　　编辑热线 025-83596997
照　　排	南京理工大学资产经营有限公司
印　　刷	南京大众新科技印刷有限公司
开　　本	787×1092　1/16　印张 14.25　字数 329 千
版　　次	2017 年 1 月第 1 版　2017 年 1 月第 1 次印刷
ISBN	978-7-305-17975-4
定　　价	32.80 元

网　　址:http://www.njupco.com
官方微博:http://weibo.com/njupco
微信服务号:njuyuexue
销售咨询热线:(025)83594756

* 版权所有,侵权必究
* 凡购买南大版图书,如有印装质量问题,请与所购
　图书销售部门联系调换

前　言

　　Android 是 Google 推出的一款广受移动应用软件开发者追捧的开源操作系统，近年来，Android 手机的市场占有率在不断地提高。作为移动互联网产业的从业者，掌握 Android 平台的移动应用开发技术，将获得广阔的应用市场空间。

　　《Android 应用程序开发初级教程》内容全面，全书共 8 章，分别为 Android 系统概述、Android 开发基础、Java 程序设计基础、Android 基本控件、Android 常见布局、Android 中的事件处理、Android 常用高级控件、Android 项目开发实践，循序渐进，读者可以根据自身的需要进行学习。本书在讲解过程中，对一些基础知识给出了实际的程序代码，可以让读者很快掌握知识点的应用，使学生带着问题学习，学习目标更加明确。通过本书的学习，学生能够在较短的时间内掌握 Android 开发技术。本书内容丰富，结构清晰，图文并茂，语言简练，通俗易懂，充分考虑到初学者的需要，具有较强的实用性和可操作性。

　　本教材面向的是毫无 Android 开发经验的初学者，从基础开始，适合想快速进入 Android 开发领域的程序员，也适合给具备一些手机开发经验的开发者和 Android 开发爱好者学习使用，还适合作为相关高职高专院校的 Android 入门教材，期望读者能够在自己动手的过程中真正掌握 Android 技术的要点。

　　由于编写时间仓促，编者水平有限，教材中难免出现纰漏甚至错误，请广大读者批评指正，我们将在下一版次中及时更新。

编　者
2016 年 10 月

目 录

第一章 Android 系统概述 1
1.1 智能手机系统简介 1
1.2 Android 系统 2
本章小结 3
习题及上机题 3

第二章 Android 开发基础 4
2.1 Android 技术简介 4
2.2 开发环境的搭建 5
2.3 编写第一个 Android 应用程序 13
2.4 剖析 Android 应用程序 19
本章小结 26
习题及上机题 26

第三章 Java 程序设计基础 27
3.1 Java 产生的历史与现状 27
3.2 Java 的特点 29
3.3 Java 的工作原理 30
3.4 Java 基础语法 31
3.5 面向对象程序设计 61
3.6 面向对象应用综合开发实例 69
本章小结 71
习题及上机题 72

第四章 Android 基本控件 73
4.1 编辑框 EditText 与按钮 Button 73
4.2 单选按钮 RadioGroup 与复选框 CheckBox 82
4.3 下拉列表框 Spinner 88
4.4 图像按钮 ImageButton 93
4.5 图像 ImageView 99
4.6 日期 DatePicker 与时间 TimePicker 控件 103
4.7 模拟浏览器界面综合开发实例 109
本章小结 110

习题及上机题 ………………………………………………………………………… 110

第五章 Android 常见布局 ………………………………………………………… 111

5.1　LinearLayout 线性布局 …………………………………………………… 111
5.2　RelativeLayout 相对布局 ………………………………………………… 117
5.3　FrameLayout 框架布局 …………………………………………………… 122
5.4　TableLayout 表格布局 …………………………………………………… 125
5.5　GridLayout 网格布局 ……………………………………………………… 131
5.6　侧滑模式界面综合开发实例 ……………………………………………… 138
本章小结 ………………………………………………………………………… 139
习题及上机题 …………………………………………………………………… 139

第六章 Android 中的事件处理 …………………………………………………… 140

6.1　基于监听器的事件处理 …………………………………………………… 140
6.2　OnCheckedChangeListener 事件 ………………………………………… 147
6.3　OnItemSelectedListener 事件 …………………………………………… 152
6.4　OnItemSelectedListener 事件与二级联动 ……………………………… 156
6.5　OnTouchListener 触摸事件 ……………………………………………… 162
6.6　OnKeyListener 键盘事件 ………………………………………………… 166
6.7　下载管理界面综合开发实例 ……………………………………………… 171
本章小结 ………………………………………………………………………… 171
习题及上机题 …………………………………………………………………… 171

第七章 Android 常用高级控件 …………………………………………………… 172

7.1　流动视图 ScrollView ……………………………………………………… 172
7.2　常见对话框之一 AlertDialog …………………………………………… 175
7.3　日期对话框 DatePickerDialog …………………………………………… 184
7.4　进度条对话框 ProgressDialog …………………………………………… 188
7.5　图片切换 ImageSwitcher&Gallery ……………………………………… 194
7.6　开关控件 Switch 和 ToggleButton ……………………………………… 199
7.7　手机文件管理器界面综合开发实例 ……………………………………… 203
本章小结 ………………………………………………………………………… 204
习题及上机题 …………………………………………………………………… 204

第八章 Android 项目开发实践 …………………………………………………… 205

8.1　基于 Android 的音乐播放器设计与实现 ………………………………… 205
8.2　基于 Android 的聊天工具设计与实现 …………………………………… 213
本章小结 ………………………………………………………………………… 221

参考文献 ……………………………………………………………………………… 222

第一章 Android 系统概述

Android 是一种基于 Linux 的自由及开放源代码的操作系统,主要使用于移动设备,如智能手机和平板电脑,由 Google 公司和开放手机联盟领导及开发。

本章将主要介绍移动手机操作系统以及 Android 的发展历史。

1.1 智能手机系统简介

智能手机(Smartphone),是指像个人电脑一样,具有独立的操作系统,可以由用户自行安装软件、游戏等第三方服务商提供的程序,通过此类程序对手机的功能进行扩充,并可以通过移动通信网络实现无线网络接入的手机的总称。

智能手机就是安装了某个操作系统的手机,能够安装在手机上的操作系统有:Android,iOS,Windows Mobile,Symbian,BlackBerry,Palm 等。

一、Android

Android(中文名:安卓)系统是由 Google 公司推出的基于 Linux 平台的开源手机操作系统,由于开源以及使用 Java 作为开发语言的特点,越来越受到广大用户的青睐,支持的硬件厂商也越来越多。目前市面上几大操作系统中,Android 系统的市场占有率最高,上升速度最快。

二、iOS(iPhone OS 的简称)

iOS 是由苹果公司为 iPhone 开发的基于 Mac 环境的操作系统,采用 Objective-C 为主要开发语言,主要用于 iPhone,iPad Touch 以及 iPad 等终端设备。iOS 支持多点触控,能给用户提供全新的体验但是目前只能应用于苹果公司的设备上。

三、Windows Phone 7

Windows Phone 7(前身为 Windows Mobile)是 Microsoft 公司为移动设备推出的 Windows 操作系统,该系统有很多先天的优势,有庞大的用户群,但是由于硬件要求极高,导致硬件设备价格也高,在一定程度上限制了它的发展。

四、Symbian

Symbian(中文名:塞班)是一个实时、多任务的 32 位操作系统,具有功耗低、内存占用少等特点,非常适合手机等移动设备使用。Symbian 操作系统曾经是市场占有率最高的手机操作系统,随着越来越多手机操作系统的出现,尤其是 Android 系统的出现,Symbian 系统的发展遇到了瓶颈,被迫于 2010 年 2 月进行开源。

五、BlackBerry

BlackBerry(中文名:黑莓)是 RIM 公司开发的手机操作系统。这个系统曾经显赫一时,现在由于面临着 Android 和 iOS 两大阵营的冲击,其用户群在逐渐减少。

六、Palm

Palm 操作系统是 Palm 公司推出的 32 位嵌入式操作系统,早期主要应用于掌上电脑,该公司 2010 年被惠普收购,惠普公司在 Palm 系统的基础上推出了 Web OS,现在成为惠普平板电脑上的操作系统。

七、Bada

Bada 是韩国三星公司自主研发的智能手机平台,支持 Flash 界面,对于 SNS 应用有着很好的支持,于 2009 年 11 月 10 日发布。

1.2 Android 系统

Android 是一种基于 Linux 的自由及开放源代码的操作系统,主要使用于移动设备,如智能手机和平板电脑,由 Google 公司和开放手机联盟领导及开发。Android 一词的本义指"机器人",同时也是 Google 于 2007 年 11 月 5 日宣布的基于 Linux 平台的开源手机操作系统的名称,该平台由操作系统、中间件、用户界面和应用软件组成。Android 一词最早出现于法国作家利尔亚当(Auguste Villiers de l'Isle-Adam)在 1886 年发表的科幻小说《未来夏娃》(L'ève future)中。他将外表像人的机器起名为 Android。

1.2.1 发展历史

2003 年 10 月,安迪·鲁宾等人创建 Android 公司,并组建 Android 团队。

2005 年 8 月 17 日,谷歌低调收购了成立一仅 22 个月的高科技企业 Android 及其团队。安迪·鲁宾成为谷歌公司工程部副总裁,继续负责 Android 项目。

2007 年 11 月 5 日,谷歌公司正式向外界展示了这款名为 Android 的操作系统,并且当天谷歌宣布建立一个全球性的联盟组织,该组织由 34 家手机制造商、软件开发商、电信运营商及芯片制造商组成,并与 84 家硬件制造商、软件开发商及电信营运商组成开放手持及设备联盟(Open Handset Alliance)来共同研发改良 Android 系统。这一联盟将支持谷歌发布的手机操作系统及应用软件,谷歌公司以 Apache 免费开源许可证的授权方式,发布了 Android 的源代码。

2008 年,在 Google I/O 大会上,谷歌提出了 Android HAL 架构图,在同年 8 月 18 号,Android 获得了美国联邦通信委员会(FCC)的批准,在 2008 年 9 月,谷歌正式发布了 Android 1.0 系统,这也是 Android 系统最早的版本。

2009 年 4 月,谷歌正式推出了 Android 1.5 版本,从 Android 1.5 版本开始,谷歌开始将 Android 的版本以甜品的名字命名,Android 1.5 命名为 Cupcake(纸杯蛋糕),该系统与 Android 1.0 相比有了很大的改进。

2009年9月,谷歌发布了Android 1.6的正式版,并且推出了搭载Android 1.6正式版的手机HTC Hero(G3)。凭借出色的外观设计及全新的Android 1.6操作系统,HTC Hero(G3)成为当时全球最受欢迎的手机。Android 1.6也有一个有趣的甜品名称,被称为Donut(甜甜圈)。

2010年10月,谷歌宣布Android系统达到了第一个里程碑,即电子市场上获得官方数字认证的Android应用数量已经达到了10万个,Android系统的应用增长非常迅速。在2010年12月,谷歌正式发布了Android 2.3操作系统Gingerbread(姜饼)。

2011年1月,谷歌称每日的Android设备新用户数量达到了30万部,到2011年7月,这个数字增长到55万部,而Android系统设备的用户总数达到了1.35亿,Android系统已经成为智能手机领域占有量最高的系统。

2011年8月2日,Android手机已占据全球智能机市场48%的份额,并在亚太地区市场占据统治地位,终结了Symbian(塞班系统)的霸主地位,跃居全球第一。

2011年9月,Android系统的应用数目已经达到了48万,而在智能手机市场,Android的统的占有率已经达到了43%,继续排在移动操作系统首位。谷歌将会发布全新的Android 4.0操作系统,这款系统被谷歌命名为Ice Cream Sandwich(冰激凌三明治)。

2012年1月6日,谷歌Android Market已有10万开发者推出超过40万活跃的应用,大多数的应用程序都免费。

2013年11月1日,Android 4.4正式发布,从具体功能上讲,Android 4.4提供了各种实用小功能,新的Android系统更智能,添加更多的Emoji表情图案,UI的改进也更现代,如全新的Hello iOS7半透明效果。

 本章小结

本章简要介绍了智能手机的发展史及常见的手机操作系统,Android操作系统的发展及其特点。

 习题及上机题

1. 简要描述Android操作系统的特点和缺点。

第二章　Android 开发基础

随着移动互联网的迅速发展，前端的概念已发生很大的变化，已不仅仅局限在网页端。而 Android 系统作为智能机市场的老大，Android 程序开发技术是一种基于 Eclipse 为平台，应用面向对象程序设计技术开发和设计程序。

本章将主要介绍 Android 系统架构、开发环境的搭建，并从第一个 Android 程序开始入门，详细讲解了 Android 应用程序结构和 Android 工程结构。

2.1　Android 技术简介

2.1.1　系统架构

Android 的系统架构和其操作系统一样，采用了分层的架构。从架构图看，Android 分为四层，从高层到低层分别是应用程序层、应用程序框架层、系统运行库层和 Linux 内核层，分别介绍如图 2-1 所示。

图 2-1

一、应用程序

Android 会同一系列核心应用程序包一起发布，该应用程序包包括 email 客户端，

SMS短消息程序,日历,地图,浏览器,联系人管理程序等。所有的应用程序都是使用Java语言编写。

二、应用程序框架

开发人员也可以完全访问核心应用程序所使用的 API 框架。该应用程序的架构设计简化了组件的重用;任何一个应用程序都可以发布它的功能块并且任何其他的应用程序都可以使用其所发布的功能块(不过得遵循框架的安全性限制)。同样,该应用程序重用机制也使用户可以方便地替换程序组件。

三、系统运行库

Android 包含一些 C/C++库,这些库能被 Android 系统中不同的组件使用。它们通过 Android 应用程序框架为开发者提供服务。

四、Linux 内核

Android 的核心系统服务依赖于 Linux 2.6 内核,如安全性,内存管理,进程管理,网络协议栈和驱动模型。Linux 内核也同时作为硬件和软件栈之间的抽象层。

2.2 开发环境的搭建

在搭建 Android 开发环境之前,首先要了解 Android 对操作系统的要求。

一、JDK 安装

步骤一 打开 Java 安装程序(如:jdk-6u27-windows-i586.exe),点击"下一步",如图 2-2 所示。

图 2-2

步骤二 更改 Java 的安装路径,安装在自己常用的目录下(路径中最好不要有空格),如 D:\jdk;如图 2-3、图 2-4 所示。

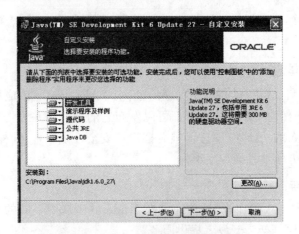

图 2-3 点击"更改"按钮改路径为

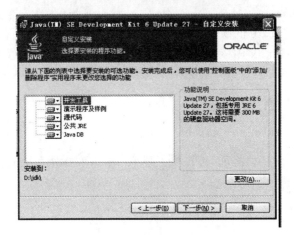

图 2-4

步骤三 点击下一步,进行安装。时间可能会久一点,请耐心等待。

注意:有些电脑到此已经安装结束,但一般都还有以下步骤。

步骤四 安装 jre6,如果是按照以上的步骤进行安装的话,请更改路径为 D:\jdk\jre6 即可。

步骤五 出现窗口提示 Java 安装成功即可,点击完成。

二、设置 Java 运行环境

步骤一 Windows 7 的系统请右击计算机,再点击属性,如图 2-5、图 2-6 所示。

图 2-5

第二章 Android 开发基础

图 2-6

步骤二 再点击高级,如图,点环境变量,在系统变量中找出 Path ,点击编辑,如图 2-7 所示。

图 2-7

注意:单击变量值一栏中的绿色文字,按住左方向键,等到光标移动到最前面。或者也可以不点击变量值一栏中的绿色文字,直接按 Home 键,看光标在不在最前面。如果不慎删除了 Path 里面的文字,请不要紧张,点取消再重新编辑即可!

步骤三 打入 D:\jdk\bin;有分号。

步骤四 再找出 classpath(没有的话自己点新建,在变量名中输入 classpath),在变量值中输入。

步骤五 D:\jdk\bin; 有分号!确定即可。

步骤六 检测 JDK 环境是否安装成功。

步骤七 在 cmd.exe 中输入 javac 按回车键出现图 2-8 即可。

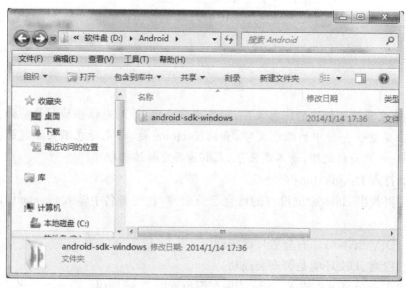

图 2-8

三、Eclipse 安装

下载需要的版本,解压安装。

四、Android SDK 安装

步骤一 在 android developers 下载 android-sdk-windows.zip,下载完成后解压到 D 盘 Android 文件夹里面,如图 2-9 所示。

图 2-9

第二章　Android 开发基础

步骤二　打开并运行 SDK Manager，如图 2-10 所示。

图 2-10

步骤三　点击 Tools 和需要的 android 版本，然后点击 install 下载，然会跳出窗口点击 accept，下载完成主页面后面会出现 Installed 提示用户已经下载完成，如图 2-11 所示。

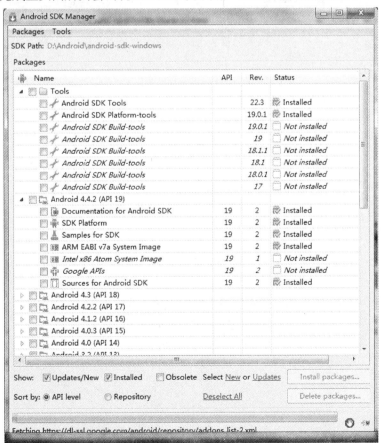

图 2-11

步骤四 添加环境变量中用户变量(千万不要选系统变量)PATH,Android SDK 中 tools 的绝对路径,重新启动,然后进入 cmd 窗口,检测 SDK 是否安装成功,如图 2-12 所示。

图 2-12

五、ADT 安装

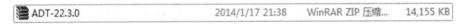

图 2-13

图 2-14

第二章　Android 开发基础

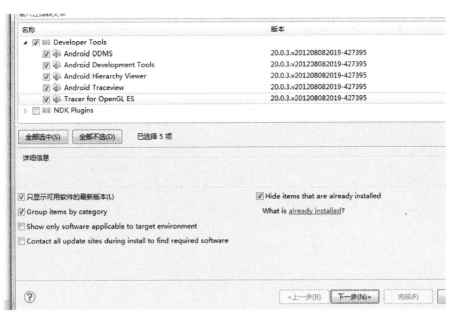

图 2-15

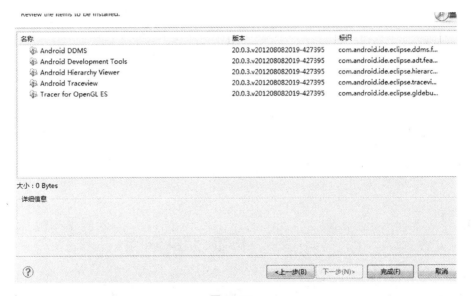

图 2-16

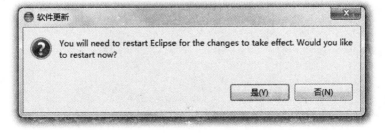

图 2-17

六、下载 AVD

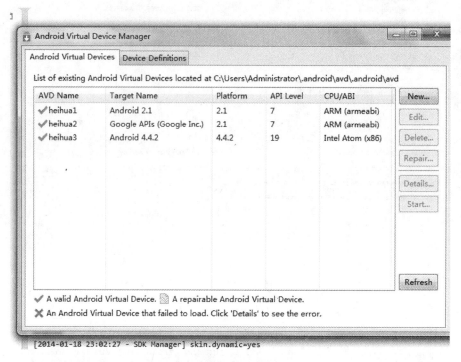

图 2－18

图 2－19

第二章　Android 开发基础

图 2-20

2.3　编写第一个 Android 应用程序

一、HelloAndroid 项目创建

ADT 提供了生成 Android 应用程序框架的功能，可以使用 ADT 通过 Eclipse 很容易创建一个 Android 工程。

步骤一　打开 Eclipse 开发工具，新建一个项目，打开"File"菜单，然后依次点击"New"→"Project"选项，弹出如图 2-21 所示对话框。

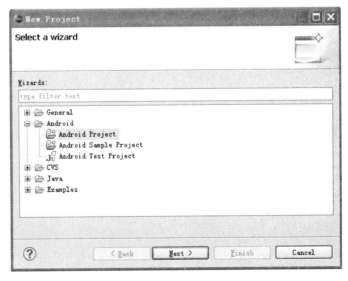

图 2-21

步骤二 选择 Android Project 项,点击"Next",弹出如图 2-22 所示对话框。

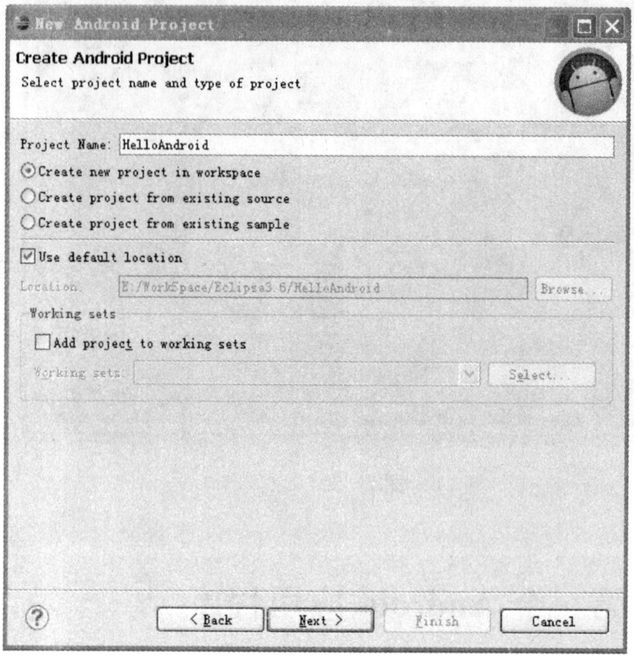

图 2-22

步骤三 在"Project Name"项中输入项目名称"HelloAndroid",然后点击"Next",弹出如图 2-23 所示对话框。

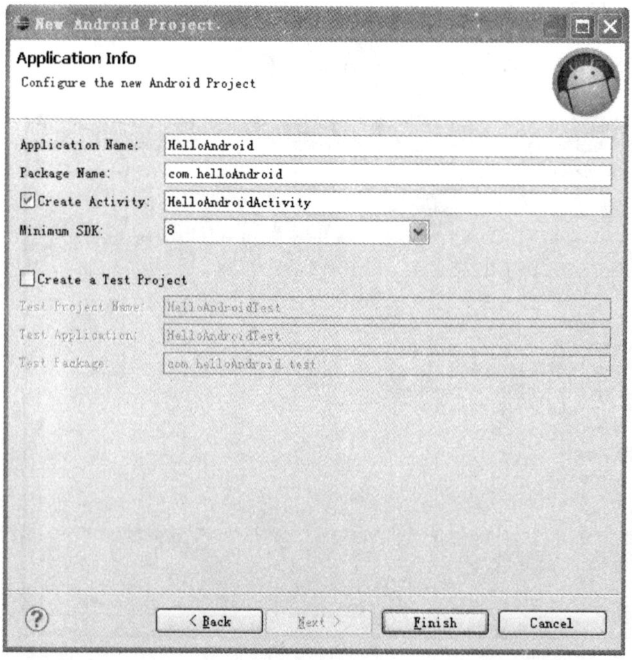

图 2-23

步骤四 在"Android 2.2"项前面打勾,点击"Next"按钮,弹出如图 2‑24 所示对话框。

图 2‑24

步骤五 在"Application Name"项中输入 Android 应用的名称"HelloAndroid",在"Package Name"项中输入包的名称(就是项目所在的文件夹的名称),然后点击"Finish"按钮,即可完成 Android 项目的创建,如图 2‑25 所示。

图 2‑25

此时可以在 Eclipse 开发平台左边导航器中看到刚刚创建的项目"HelloAndroid",如

图 2-26 所示。

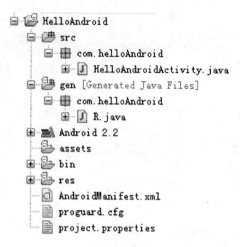

图 2-26

如果 Eclipse 平台中没有出现导航器，可以点击"Window"→"Show View"→"Package Explorer"来显示导航器，如图 2-27 所示。

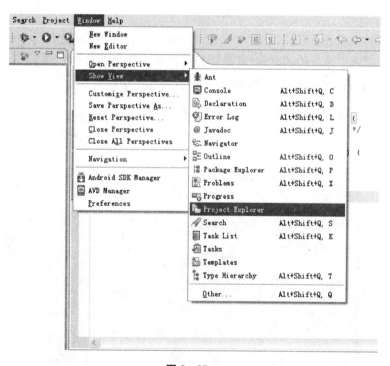

图 2-27

至此，HelloAndroid 项目已经创建完成，该项目代码是由我们前面安装的 ADT 插件自动生成的，因此不用编写任何代码即可运行。

二、Android 模拟器的使用

从 Android 1.5 开始引入了 AVD（Android Virtual Device）的概念，AVD 是一个经

过配置的模拟器,在创建 AVD 时可以配置的选项有:模拟器的大小、摄像头、分辨率、键盘、SD 卡支持等等,配置模拟器的步骤如下。

步骤一 点击"Window"菜单中的"AVD Manager"项,如图 2-28 所示,弹出如图 2-29 所示对话框。

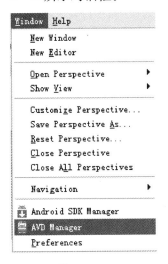

图 2-28

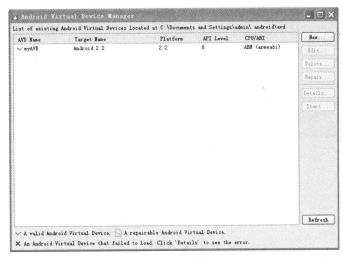

图 2-29

步骤二 点击右侧的"New"按钮,弹出如图 2-30 所示对话框。

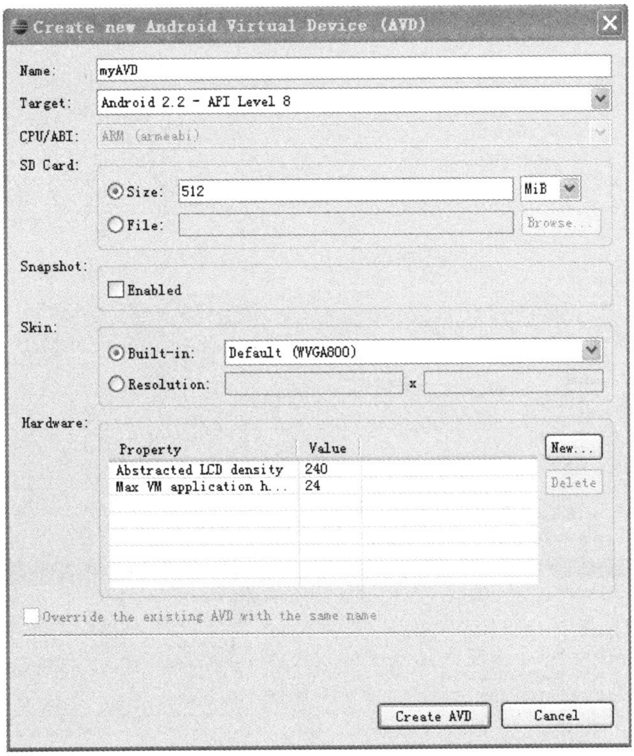

图 2-30

步骤三 在"Name"项中输入 AVD 的名字"myAVD",如图 2-31 所示,在 Target 下拉框中选中项目运行的平台"Android 2.2",在"SD Card"项的"Size"中输入虚拟 SD 卡的容量大小"512 M",然后点击"Create AVD"按钮即可生成 Android 虚拟设备。

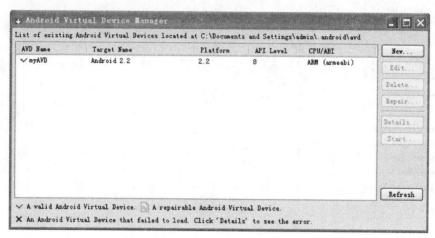

图 2-31

三、HelloAndroid 项目运行

右键点击"HelloAndroid"项目,选择"Run As"→"Android Application",如图 2-32 所示,启动 Android 模拟器。经过漫长的等待之后,将看到模拟器中显示如图 2-33 所示的画面,那么恭喜你,你的"HelloAndroid"项目已经成功运行了。

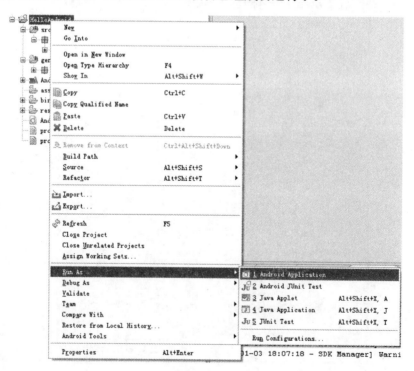

图 2-32

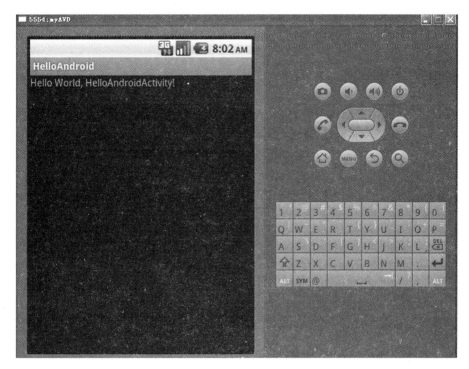

图 2-33

2.4 剖析 Android 应用程序

2.4.1 Android 项目工作区概览

按上面新建工程的方法，重新"新建"一个 Hello 工程，下图是 Hello 工程在 Eclipse 中的目录层次结构。

新建一个 Android 项目，Eclipse 会自动帮我们建立诸多文件，如图 2-34 所示。我们分析一下，其中：

第①部分：表示专门存放我们编写的 java 源代码的包。

第②部分：代表系统资源 ID，类似于 C 语言的 *.h 文件，该目录不用开发人员维护，但又非常重要。**该目录用来存放由 Android 开发工具所生成的目录。该目录下的所有文件都不是我们创建的，而是由 ADT 自动生成的，请千万不要手工修改 R.java 文件。**

第③部分：Android 4.2 表示当前 SDK 是 4.2，是目前最新版本。

第④部分：表示资源文件，其中 layout 布局你可以认为就是界面。

第⑤部分：每一个 Android 项目都包含一个清单（Manifest）文件——Android Manifest.xml，它存储在项目层次中的最底层，该文件是功能清单文件，该文件列出了应用中所使用的所有组件，如"activity"，以及广播接收者、服务等组件，清单可以定义应用

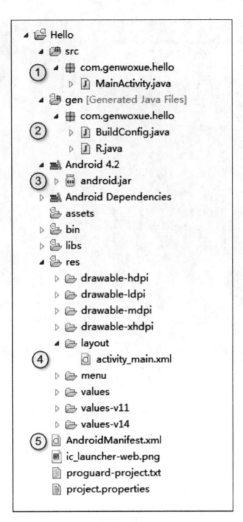

图 2-34

程序及其组件的结构和元数据。

Android 项目中主要文件及文件夹的作用：

（1）src(源代码目录)：存放所有的 *.java 源程序，这个文件夹主要是放我们所建立的包下的各个应用程序的源文件。

（2）gen(自动生成目录)：为 ADT 插件自动生成的代码文件保存路径，其中的 R.java 文件将保存所有的资源 ID，这个目录下最关键的文件就是 R.java。这个文件每个人都不应当手动修改。当我们在 xml 描述文件图像、字符串、界面组件和标示符 id，就会同步更新到 R.java。

（3）Android 4.2：表示现在使用的 Android SDK 的版本是 4.2。

（4）assets：可以存放项目中一些较大的资源文件，如图片、音乐、字体等。

（5）res 文件夹(资源文件夹)：可以存放项目中所有的资源文件，如图片(*.png、*.jpg)、网页(*.html)、文本等。

（6）res\drawable-hdpi：保存高分辨率图片资源。

(7) res\drawable-ldpi:保存低分辨率图片资源。

(8) res\drawable-mdpi:保存中等分辨率图片资源。

(9) res\layout:存放所有布局文件,主要是用于排列不同的显示组件,在 Android 程序要读取此配置。

(10) res\values:存放一些资源文件信息,用于读取文本资源,在文件夹中有一些约定的文件名称。(具体内容待以后详解)

(11) res\raw:自定义的一些原生文件所在目录,如音乐、视频等文件格式。

(12) res\xml:用户自定义的 XML 文件,所有的文件在程序运行时编译到应用程序中。

(13) res\anim:用于定义动画对象。

(14) activity_main:配置所有的控件。

(15) R. java:此文件为自动生成并自动维护的,用户添加的控件会自动在此文件中生成一个唯一的 ID,以供程序使用。

(16) AndroidManifest. xml:主要配置文件,用于配置各个组件或一些访问权限等,这个功能列表就像一台计算机的注册表文件差不多。但我们编写一个应用程序,所需要的类库,运行时的类,activity 服务等都会在此注册。

2.4.2 Android 项目分析

一、布局文件(res\layout\activity_main. xml)

双击"res\layout\activity_main. xml"打开布局文件。注意图 2-35、图 2-36 中① 代表布局文件图形界面;② 代表布局文件代码界面。

图 2-35

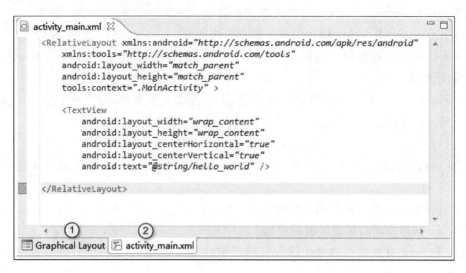

图 2-36

Android App 应用程序类似于.net 的 Winform 程序,其中图 2-37 中①和②相当于标题栏,① 为标题栏的图标,② 为标题;③ 代表标签＜TextView＞,类似于众多程序的 Label。

图 2-37

我们再来看一下代码,如图 2-38 所示。

第二章　Android 开发基础

```
1.  <RelativeLayout xmlns:android="http://schemas.android.com/apk/res/android"
2.      xmlns:tools="http://schemas.android.com/tools"
3.      android:layout_width="match_parent"
4.      android:layout_height="match_parent"
5.      tools:context=".MainActivity" >
6.      <TextView
7.          android:layout_width="wrap_content"
8.          android:layout_height="wrap_content"
9.          android:layout_centerHorizontal="true"
10.         android:layout_centerVertical="true"
11.         android:text="@string/hello_world" />
12. </RelativeLayout>
```

图 2-38

希望读者在探讨本段代码之前,至少要有 XML 文件的概念,如果没有请了解 XML 语言基本语法再来继续学习,本段代码包含了两个重要标签:＜RelativeLayout＞和＜TextView＞,＜RelativeLayout＞代表线性布局管理器;＜TextView＞代表标签组件。其他的皆为两个标签的属性。

二、strings 文本资源文件(res\values\strings.xml)

双击"res\values\strings.xml"打开文本资源文件。与布局文件一样,图 2-39、图 2-40中① 代表文本资源图形界面,② 代表文本资源代码界面。

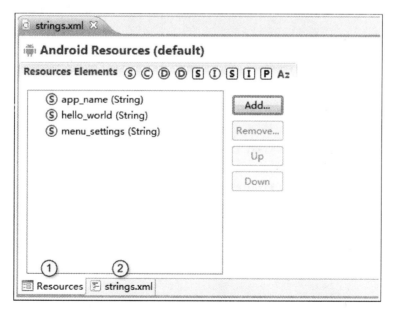

图 2-39

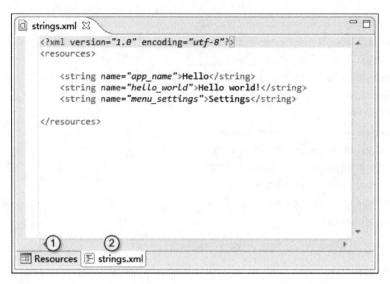

图 2-40

我们打开文本资源 strings.xml 文件之后,当我们看到:

　　＜string name＝"hello_world"＞Hello world!＜/string＞

前面的疑虑应该顿消!hello_world 是文本资源文件中的一个标签而已,其真正的内容是"Hello world!",你可以通过图形界面或者字符界面添加一个字符串资源。

三、R.java 文件(gen/com.genwoxue.hello/R.java)

双击"gen/com.genwoxue.hello/R.java"打开资源 ID 文件,如图 2-41 所示。

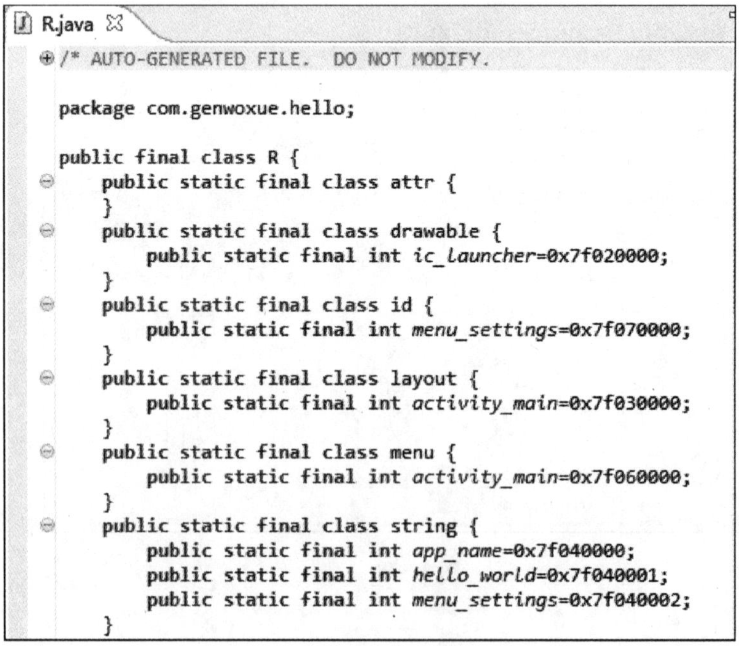

图 2-41

R.java 资源文件保存所有资源的 ID,譬如前面所讲的 hello_world,在这里就是一个整数 0x7f040001。如果你感觉这个文件很奇怪也很正常,除非你曾经学习或者写过 C 语言应用程序而习以为常了。

四、AndroidManifest.xml 文件

双击"AndroidManifest.xml"项目配置文件,如图 2-42 所示。

图 2-42

所有的 Activity 程序都在 AndroidManifest.xml 文件中进行注册,故该文件是整个 Android 项目的核心配置文件,在＜application＞节点中配置的 android:icon="@drawable/ic_launcher",表示引用 drawable(drawable-hdpi、drawable-ldpi、drawable-mdpi 三个文件夹中导入)资源配置的图标,引入图标的名称为 ic_launcher。现在你可以更换应用程序图标了,你知道了它在哪!在＜application＞节点中配置的 android:label="@string/app_name",表示此应用程序的标签名称从 strings.xml 文件中读取,内容为 app_name 对应的内容。现在你也可以更换应用程序标题了。

五、MainActivity.java(src/com.genwoxue.hello/MainActivity.java)

双击"src/com.genwoxue.hello/MainActivity.java"程序文件,如图 2-43 所示。本程序是 Android 整个项目的主程序,Activity 是项目的基本组成部分。

MainActivity:继承 Activity 类;
onCreate():启动 Activity 地默认调用的方法;
super.onCreate(savedInstanceState):调用父类的 onCreate()方法;

```
MainActivity.java
    package com.genwoxue.hello;

    import android.os.Bundle;
    import android.app.Activity;

    public class MainActivity extends Activity {

        @Override
        protected void onCreate(Bundle savedInstanceState) {
            super.onCreate(savedInstanceState);
            setContentView(R.layout.activity_main);
        }
    }
```

图 2-43

setContentView(R. layout. activity_main):调用布局文件。

本章小结

本章主要讲述了 Android 系统架构、开发环境搭建和剖析 Android 应用程序的详细结构,本章的目标是开始进行 Android 开发。第一步是下载和安装 Android 开发环境。读者使用这个环境生成了一个简单的应用程序并对其进行了修改,通过这一过程学习到了如何以可视化的方式为 Android 应用创建用户界面并了解到用户界面本质上是一个 XML 文件,应该认真理解熟练掌握并应用。

习题及上机题

问答题

1. 什么是 ADT？它有什么作用？
2. 简述 AVD 模拟器的作用。
3. 简述 Android 应用程序的开发流程。

上机题

1. 创建一个 Android 程序,将应用程序显示的字符串修改为"你好,世界!"。
2. 在上题基础上,在布局文件中修改字符串的颜色。

第三章　Java 程序设计基础

Java 是一种理想的面向对象的网络编程语言。它的诞生为 IT 产业带来了一次变革，也是软件的一次革命。Java 程序设计是一个巨大而迅速发展的领域，有人把 Java 称作是网络上的"世界语"。

本章将简要介绍 Java 语言的发展历史、特点、Java 程序的基本结构以及开发 Java 程序的环境和基本方法。

3.1　Java 产生的历史与现状

3.1.1　Java 产生的历史

Java 来自于 Sun 公司的一个叫 Green 的项目，其原先的目的是为家用消费电子产品开发一个分布式代码系统，这样我们可以把 E-mail 发给电冰箱、电视机等家用电器，对它们进行控制，和它们进行信息交流。开始，准备采用 C++，但 C++太复杂，安全性差，最后基于 C++开发一种新的语言 Oak(Java 的前身)。Oak 是一种用于网络的精巧而安全的语言，Sun 公司曾依此投标一个交互式电视项目，但结果是被 SGI 打败。可怜的 Oak 几乎无家可归，恰巧这时 MarkArdreesen 开发的 Mosaic 和 Netscape 启发了 Oak 项目组成员，他们用 Java 编制了 HotJava 浏览器，得到了 Sun 公司首席执行官 ScottMcNealy 的支持，触发了 Java 进军 Internet。Java 的取名也有一个趣闻，有一天，几位 Java 成员组的会员正在讨论给这个新的语言取什么名字，当时他们正在咖啡馆喝着 Java(爪哇)咖啡，有一个人灵机一动说就叫 Java 怎样，得到了其他人的赞赏，于是，Java 这个名字就这样传开了。直到 1994 年下半年，随着 Internet 的迅猛发展，环球信息网 WWW 的快速增长，Sun Microsystems 公司发现 Oak 语言所具有的跨平台、面向对象、高安全性等特点非常适合于互联网的需要，于是就改进了该语言的设计且命名为"Java"，并于 1995 年正式向 IT 业界推出。Java 一出现，立即引起人们的关注，使得它逐渐成为 Internet 上受欢迎的开发与编程语言。当年就被美国的著名杂志 PC Magazine 评为年度十大优秀科技产品之一(计算机类就此一项入选)。

互联网的出现使得计算模式由单机时代进入了网络时代，网络计算模式的一个特点是计算机系统的异构性，即在互联网中连接的计算机硬件体系结构和各计算机所使用的操作系统不全是一样的，例如硬件可能是 SPARC、Intel 或其他体系的，操作系统可能是 UNIX、Linux、Windows 或其他的操作系统。这就要求网络编程语言是与计算机的软硬件环境无关的，即跨平台的，用它编写的程序能够在网络中的各种计算机上正常运行。

Java 正是这样迎合了互联网时代的发展要求,才使它获得了巨大的成功。

随着 Java2 一系列新技术(如 Java2D、Java3D、SWING、Java SOUND、EJB、SERVLET、JSP、CORBA、XML、JNDI 等等)的引入,使得它在电子商务、金融、证券、邮电、电信、娱乐等行业有着广泛的应用,使用 Java 技术实现网络应用系统也正在成为系统开发者的首要选择。

事实上,Java 是一种新计算模式的使能技术,Java 的潜力远远超过作为编程语言带来的好处。它不但对未来软件的开发产生影响,而且应用前景广阔,其主要体现在以下几个方面:

(1) 软件的开发方法,所有面向对象的应用开发以及软件工程中需求分析、系统设计、开发实现和维护等。

(2) 基于网络的应用管理系统,如完全基于 Java 和 Web 技术的 Intranet(企业内部网)上应用开发。

(3) 图形、图像、动画以及多媒体系统设计与开发实现。

(4) 基于 Internet 的应用管理功能模块的设计,如网站信息管理、交互操作设计及动态 Web 页面的设计等。

3.1.2 Java 的现状

Java 是 Sun 公司推出的新的一代面向对象程序设计语言,特别适合于 Internet 应用程序开发,它的平台无关性直接威胁到 Wintel 的垄断地位。一时间,"连 Internet,用 Java 编程",成为技术人员的一种时尚。虽然新闻界的报道有些言过其实,但 Java 作为软件开发的一种革命性的技术,其地位已被确立,这表现在以下几个方面:

(1) 计算机产业的许多大公司购买了 Java 的许可证,包括 IBM、Apple、DEC、Adobe、SiliconGraphics、HP、Oracle、Toshiba,以及最不情愿的 Microsoft。这一点说明,Java 已得到了工业界的认可。

(2) 众多的软件开发商开始支持 Java 的软件产品。例如:Borland 公司正在开发的基于 Java 的快速应用程序开发环境 Latte,预计产品会在 1996 年中期发布。Borland 公司的这一举措,推动了 Java 进入 PC 机软件市场。Sun 公司自己的 Java 开发环境 JavaWorkshop 已经发布。数据库厂商如:Illustra、Sysbase、Versant、Oracle 都在开发 CGI 接口,支持 HTML 和 Java。今天是以网络为中心的计算时代,不支持 HTML 和 Java,应用程序的应用范围只能限于同质的环境(相同的硬件平台)。

(3) Intranet 正在成为企业信息系统最佳的解决方案,而其中 Java 将发挥不可替代的作用。Intranet 的目的是把 Internet 用于企业内部的信息系统,它的优点表现在:便宜,易于使用和管理。用户不管使用何种类型的机器和操作系统,界面是统一的 Internet 浏览器,而数据库、Web 页面、应用程序(用 Java 编的 Applet)则存在 WWW 服务器上,无论是开发人员,还是管理人员,抑或是用户都可以受益于该解决方案。Java 语言正在不断发展和完善,Sun 公司是主要的发展推动者,较通用的编译环境有 JDK(JavaDevelopKit)与 JWS(JavaWorkshop)。还有很多其他公司正在开发 Java 语言的编译器与集成环境,预计不久 Java 语言的正确性与效率都将会提高,用户用 Java 编程和现在用 C++编程一样方便。

3.2 Java 的特点

Java 是一种纯面向对象的网络编程语言,它具有如下特点:

一、简单、安全可靠

Java 是一种强类型的语言,由于它最初设计的目的是应用于电子类消费产品,因此就要求既要简单又要可靠。Java 的结构类似于 C 和 C++,它汲取了 C 和 C++优秀的部分,弃除了许多 C 和 C++中比较繁杂和不太可靠的部分,它略去了运算符重载、多重继承等较为复杂的部分;它不支持指针,杜绝了内存的非法访问。它所具有的自动内存管理机制也大大简化了程序的设计与开发。Java 主要用于网络应用程序的开发,网络安全必须保证,Java 通过自身的安全机制防止了病毒程序的产生和下载程序对本地系统的威胁破坏。

二、面向对象

Java 是一种完全面向对象的语言,它提供了简单的类机制以及动态的接口模型,支持封装、多态性和继承(只支持单一继承)。面向对象的程序设计是一种以数据(对象)及其接口为中心的程序设计技术。也可以说是一种定义程序模块如何"即插即用"的机制。面向对象的概念其实来自于现实世界,在现实世界中,任一实体都可以看作是一个对象,而任一实体又归属于某类事物,因此任何一个对象都是某一类事物的一个实例。在 Java 中,对象封装了它的状态变量和方法(函数),实现了模块化和信息隐藏;而类则提供了一类对象的原型,通过继承和重载机制,子类可以使用或者重新定义父类或者超类所提供的方法,从而实现了代码的复用。

三、分布式计算

Java 为程序开发者提供了有关网络应用处理功能的类库包,程序开发者可以使用它非常方便地实现基于 TCP/IP 的网络分布式应用系统。

四、平台的无关性

Java 是一种跨平台的网络编程语言,是一种解释执行的语言。Java 源程序被 Java 编译器编译成字节码(Byte-code)文件,Java 字节码是一种"结构中立性"(architecture neutral)的目标文件格式,Java 虚拟机(JVM)和任何 Java 使能的 Internet 浏览器都可执行这些字节码文件。在任何不同的计算机上,只要具有 Java 虚拟机或 Java 使能的 Internet 浏览器即可运行 Java 的字节码文件,不需重新编译(当然,其版本向上兼容)。实现了程序员梦寐以求的"一次编程、到处运行"(write once,run every where!)的梦想。

五、多线程

Java 的多线程(multithreading)机制使程序可以并行运行。线程是操作系统的一种新概念,它又被称作轻量进程,是比传统进程更小的可并发执行的单位。Java 的同步机制保证了对共享数据的正确操作。多线程使程序设计者可以在一个程序中用不同的线程分别实现各种不同的行为,从而带来更高的效率和更好的实时控制性能。

六、动态的

一个 Java 程序中可以包含其他人写的多个模块,这些模块可能会遇到一些变化,由于 Java 在运行时才把它们连接起来,这就避免了因模块代码变化而引发的错误。

七、可扩充的

Java 发布的 J2EE 标准是一个技术规范框架,它规划了一个利用现有和未来各种 Java 技术整合解决企业应用的远景蓝图。正如 SUN Micro Systems 所述:Java 是简单的、面向对象的、分布式的、解释的、有活力的、安全的、结构中立的、可移动的、高性能的、多线程和动态的语言。

3.3 Java 的工作原理

3.3.1 Java 虚拟机

Java 虚拟机其实是软件模拟的计算机,它可以在任何处理器上(无论是在计算机中还是在其他电子设备中)解释并执行 Java 的字节码文件。Java 的字节码被称为 Java 虚拟机的机器码,它被保存在扩展名为.class 的文件中。

一个 Java 程序的编译和执行过程如图 3-1 所示。首先 Java 源程序需要通过 Java 编译器编译成扩展名为.class 的字节码文件,然后由 Java 虚拟机中的 Java 解释器负责将字节码文件解释成为特定的机器码并执行。

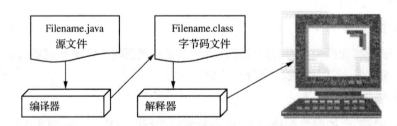

图 3-1 Java 程序的编译和执行过程

3.3.2 内存自动回收机制

在程序的执行过程中,系统会给创建的对象分配内存,当这些对象不再被引用时,它们所占用的内存就处于废弃状态,如果不及时对这些废弃的内存进行回收,就会带来程序运行效率下降等问题。

在 Java 运行环境中,始终存在着一个系统级的线程,专门跟踪对象的使用情况,定期检测出不再使用的对象,自动回收它们占用的内存空间,并重新分配这些内存空间让它们为程序所用。Java 的这种废弃内存自动回收机制,极大地方便了程序设计人员,使他们在编写程序时不需要考虑对象的内存分配问题。

3.3.3 代码安全性检查机制

Java 是网络编程语言,在网络上运行的程序必须保证其安全性。如何保证从网络上下载的 Java 程序不携带病毒而安全地执行呢?Java 提供了代码安全性检查机制。

Java 在将一个扩展名为 .class 的字节码文件装载到虚拟机执行之前,先要检验该字节码文件是否符合字节码文件规范,代码中是否存在着某些非法操作。检验工作由字节码检验器(bytecode verifier)或安全管理器(security manager)进行。检验通过之后,将字节码文件加载到 Java 虚拟机中,由 Java 解释器解释为机器码并执行。Java 虚拟机把程序的代码和数据都限制在一定内存空间里执行,不允许程序访问超出该范围,保证了程序的安全运行。

3.4 Java 基础语法

3.4.1 Java 输入和输出方式

一、字符界面下的输入输出方法

字符界面下的输入输出是由 Java 的基类 System 提供的,在前边的示例中,我们已经使用了 System.out.println()方法在屏幕上输出信息。下边看一下输入输出方法的一般格式。

1. 输入方法

格式:**System.in.read()**;

功能:该方法的功能是从键盘上接受一个字符,按照 byte 类型的数据处理。若将它转换为字符型,它就是字符本身;若转换为整型,它是扩展字符的 ASCII 码值(0~255)。

2. 输出方法

格式 1:**System.out.print(表达式)**;

格式 2:**System.out.println(表达式)**;

功能:在屏幕上输出表达式的值。

这两个方法都是最常用的方法,两个方法之间的差别是,格式 1 输出表达式的值后不换行,格式 2 在输出表达式的值后换行。

3. 应用示例

【**程序 3-1**】 从键盘上输入一个字符,并在屏幕上以数值和字符两种方式显示其值。示例程序代码如下:

/* 示例 3.1 程序名:IoExam3_1.java

* 这是一个字符界面输入输出的简单示例。
* 它主要演示从键盘上输入一个字符,然后以字节方式、字符方式在屏幕上输出。
*/

```java
class IoExam3_1
{
    public static void main(String [] args)
    {
        int num1 = 0;
        try
        {
          System.out.print("请输入一个字符:");
          num1 = System.in.read();
                              //从键盘上输入一个字符并把它赋给 num1
        }
        catch(Exception e1) {    }
        System.out.println("以数值方式显示,是输入字符的 ASCII 值 = " + num1);
        System.out.println("以字符方式显示,显示的是字符本身 = " + (char) num1);
    }
}
```

在上边的程序中,我们使用了异常处理 try～catch()语句,这是 System.in.read()所要求的。在 Java 中引入了异常处理机制,对于一些设备的 I/O 处理、文件的读写处理等等,都必须进行异常处理。我们将在后边的章节介绍异常处理,在这里只是简单认识一下它的基本结构。程序的运行屏幕如图 3-2 所示。

图 3-2　程序 3-1 运行结果

二、图形界面下的输入输出方法

有关图形界面的程序设计将在后边的章节详细介绍,本节将以对话框的形式介绍图形界面下的输入输出。

在 javax.swing 类库中的 JoptionPane 类提供了相应的输入输出方法。

1. 输入方法

格式1：**JOptionPane. showInputDialog**(输入提示信息)；

格式2：**JOptionPane. showInputDialog**(输入提示信息,初值)；

功能：系统显示一个对话框，可以在输入提示信息后边的文本框中输入值。格式2带有初值，在输入的文本框中显示该值，若要改变其值，直接输入新的值即可。

2. 输出方法

格式1：**JOptionPane. showMessageDialog**(框架,表达式)；

格式2：**JOptionPane. showMessageDialog**(框架,表达式,标题,信息类型)；

功能：在对话框中显示相关的信息。

其中：

（1）框架是显示该对话框所使用的框架。
（2）表达式是将在对话框中显示的信息。
（3）标题是将在对话框标题栏显示的信息。
（4）信息类型是一个常量，表明显示什么信息，部分常量说明如下：

JOptionPane. ERROR_MESSAGE 或 0	错误信息显示；
JOptionPane. INFORMATION_MESSAGE 或 1	通知信息显示；
JOptionPane. WARNING_MESSAGE 或 2	警告信息显示；
JOptionPane. QUESTION_MESSAGE 或 3	询问信息显示；
JOptionPane. PLAIN_MESSAGE 或 −1	完全信息显示。

【**程序 3 - 2**】 输入 a,b 两个数,输出 a,b 之中的最大者并输出 a 与 b 的差值。

```
/**
 * 这是一个求 a,b 之中最大值及差值的程序,程序的名字:OptionExam3_2.java
 * 主要演示图示界面的输入输出方法的使用。
 */
import javax.swing.*;
class OptionExam3_2
{
  public static void main(String[] args)
  {
    String  str1 = JOptionPane.showInputDialog("输入 a 的值:");
    String  str2 = JOptionPane.showInputDialog("输入 b 的值:");
    int a = Integer.parseInt(str1);    //将输入数值字符串转换为数值赋给 a
    int b = Integer.parseInt(str2);    //将输入数值字符串转换为数值赋给 b
    int  max = a>b ? a : b;            //求 a,b 之中的最大者赋给 max
    JOptionPane.showMessageDialog(null,"最大值 = " + max + 差值 = " + (a-b),"示例",-1);
```

```
    System.exit(0);                      //结束程序运行,返回到开发环境
  }
}
```

图3-3显示了程序运行时的操作步骤及最后结果,在程序运行后先弹出如图3-3a的对话框,输入a的值后,单击"确定"按钮,弹出第二个输入对话框,输入b的值,单击"确定"按钮后,弹出如图3-3c的第三个对话框显示结果。

图3-3

在实际应用中,用户操作界面一般是图形界面,我们将在后边的章节详细介绍图形用户界面的部署,在这里只是简单认识一下图形界面的操作及应用。

3.4.2 标识符和关键字

一、用户标识符

用户标识符是程序员对程序中的各个元素加以命名时使用的命名记号。

在Java语言中,标识符是以字母、下划线("_")或美元符("$")开始,后面可以跟字母、下划线、美元符和数字的一个字符序列。

例如:

userName,User_Name,_sys_val,Name,name,$change 等为合法的标识符。而:

3mail,room#,#class 为非法的标识符。

注意:标识符中的字符区分大小写。例如,Name和name被认为是两个不同的标识符。

二、关键字

关键字是特殊的标识符,具有专门的意义和用途,不能当作用户的标识符使用。Java语言中的关键字均用小写字母表示。表3-1列出了Java语言中的所有关键字。

表3-1　保留字

abstract	break	byte	boolean	catch	case	class	char	continue
default	double	do	else	extends	false	final	float	For
finally	if	import	implements	int	interface	instanceof	long	length
native	new	null	package	private	protected	public	return	switch
short	static	super	try	true	this	throw	throws	void
threadsafe	transient	while	synchronized					

3.4.3 基本数据类型

Java 语言的数据类型可划分为基本数据类型和引用数据类型(如图 3-4 所示)。本章我们主要介绍基本数据类型,引用型数据类型将在后边的章节中介绍,数组和字符串本身属于类,由于它们比较特殊且常用,因此也在图 3-4 中列出。

基本数据类型如表 3-2 所示。下边我们将简要介绍这些数据类型。

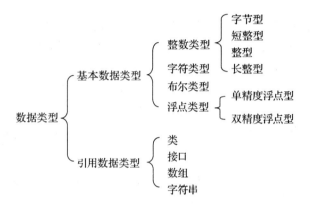

图 3-4　Java 语言的数据类型

表 3-2　Java 的基本数据类型

数据类型	所占二进制位	所占字节	取　　值
byte	8	1	$-2^7 \sim 2^7-1$
short	16	2	$-2^{15} \sim 2^{15}-1$
int	32	4	$-2^{31} \sim 2^{31}-1$
long	64	8	$-2^{63} \sim 2^{63}-1$
char	16	2	任意字符
boolean	8	1	true,false
float	32	4	$-3.4E38(-3.4 \times 10^{38}) \sim 3.4E38(3.4 \times 10^{38})$
double	64	8	$-1.7E308(-1.7 \times 10^{308}) \sim 1.7E308(1.7 \times 10^{308})$

一、常量和变量

常量和变量是程序的重要元素。

1. 常量

所谓常量就是在程序运行过程中保持不变的量即不能被程序改变的量,也把它称为最终量。常量可分为标识常量和直接常量(字面常量)。

(1) 标识常量。标识常量使用一个标识符来替代一个常数值,其定义的一般格式为:

final 数据类型 常量名=value[,常量名=value …];

其中

final 是保留字,说明后边定义的是常量即最终量;

数据类型 是常量的数据类型,它可以是基本数据类型之一;

常量名 是标识符,它表示常数值 value,在程序中凡是用到 value 值的地方均可用常量名标识符替代。

例如:final double PI=3.1415926;   //定义了标识常量 PI,其值为 3.1415926

注意:在程序中,为了区分常量标识符和变量标识符,常量标识符一般全部使用大写书写。

(2) 直接常量(字面常量)。直接常量就是直接出现在程序语句中的常量值,例如上边的 3.1415926。直接常量也有数据类型,系统根据字面量识别,例如:

21,45,789,1254,-254 表示整型量;

12L,123l,-145321L   尾部加大写字母 L 或小写字母 l 表示该量是长整型量;

456.12,-2546,987.235   表示双精度浮点型量;

4567.2145F,54678.2f   尾部加大写字母 F 或小写字母 f 表示单精度浮点型量。

2. 变量

变量是程序中的基本存储单元,在程序的运行过程中可以随时改变其存储单元的值。

(1) 变量的定义。变量的一般定义如下:

数据类型   变量名[=value][,变量名[=value]…];

其中:

数据类型   表示后边定义变量的数据类型;

变量名   变量名,是一个标识符,应遵循标识符的命名规则。

可以在说明变量的同时为变量赋初值。例如:

int n1=456,n2=687;

float   f1=3654.4f,f2=1.325f

double d1=2145.2;

(2) 变量的作用域。变量的作用域是指变量自定义的地方起,可以使用的有效范围。在程序中不同的地方定义的变量具有不同的作用域。一般情况下,在本程序块(即以大括号"{}"括起的程序段)内定义的变量在本程序块内有效。

【**程序 3-3**】 说明变量作用域的示例程序。

/** 这是说明变量作用域的示例程序

 * 程序的名字为 Var_Area_Example.java

 */

```
public class Var_Area_Example
{
  static int n_var1 = 10;    //类变量,对整个类都有效
  public void display()
  {
    int n_var2 = 200;    //方法变量,只在该方法内有效
```

```
        n_var1 = n_var1 + n_var2;
        System.out.println("n_var1 = " + n_var1);
            System.out.println("n_var2 = " + n_var2);
    }
    public static void main(String args[ ])
    {
            int n_var3;      //方法变量,只在该方法内有效
        n_var3 = n_var1 * 2;
        System.out.println("n_var1 = " + n_var1 );
        System.out.println("n_var3 = " + n_var3);
    }
}
```

二、基本数据类型

1. 整型

Java 提供了四种整型数据,如表 3-2 所示。

(1) 整型常量的表示方法。整型常量可以十进制、八进制和十六进制表示。

一般情况下使用十进制表示,如:123,－456,0 ,23456。

在特定情况下,根据需要可以使用八进制或十六进制形式表示整常量。以八进制表示时,以 0 开头,如:0123 表示十进制数 83,－011 表示十进制数－9。

以十六进制表示整常量时,以 0x 或 0X 开头,如:0x123 表示十进制数 291,－0X12 表示十进制数－18。

此外长整型常量的表示方法是在数值的尾部加一个拖尾的字符 L 或 l,如:456l,0123L,0x25l。

(2) 整型变量的定义。

例如:int x=123;   //指定变量 x 为 int 型,且赋初值为 123
　　　byte b=8;   //指定变量 b 为 byte 型,且赋初值为 8
　　　short s=10;   //指定变量 s 为 short 型,且赋初值为 10
　　　long y=123L,z=123l; //指定变量 y,z 为 long 型,且分别赋初值为 123

2. 字符型(char)

字符型(char)数据占据两个字节 16 个二进制位。

字符常量是用单引号括起来的一个字符,如 'a','A' 等。

字符型变量的定义,如:

char c='a';   //指定变量 c 为 char 型,且赋初值为 'a'

3. 布尔型(boolean)

布尔型数据的值只有两个:true 和 false。因此布尔的常量值也只能取这两个值。

布尔型变量的定义,如:

boolean b1=true,b2=false;   //定义布尔变量b1,b2并分别赋予真值和假值。

4. 浮点型(实型)

Java提供了两种浮点型数据,单精度和双精度,如表3-2所示。

(1) 实型常量的表示方法。一般情况下实型常量以如下形式表示:

0.123,1.23,123.0 等等表示双精度数;

123.4f,145.67F,0.65431f 等等表示单精度数。

当表示的数字比较大或比较小时,采用科学计数法的形式表示,如:

1.23e13 或 123E11 均表示 $123×10^{11}$;

0.1e-8 或 1E-9 均表示 10^{-9}。

我们把e或E之前的常数称之为尾数部分,e或E后面的常数称之为指数部分。

注意:使用科学计数法表示常数时,指数和尾数部分均不能省略,且指数部分必须为整数。

(2) 实型变量的定义。在定义变量时,都可以赋予它一个初值,例如:

float x=123.5f,y=1.23e8f;   //定义单精度变量x,y并分别赋予123.5、$1.23×10^{8}$的值。

double d1=456.78,d2=1.8e50;   //定义双精度变量d1,d2并分别赋予456.78、$1.8×10^{50}$的值。

三、基本数据类型的封装

以上介绍的Java的基本数据类型不属于类,在实际应用中,除了需要进行运算之外,有时还需要将数值转换为数字字符串或者将数字字符串转换为数值等。在面向对象的程序设计语言中,类似这样的处理是由类、对象的方法完成的。在Java中,对每种基本的数据类型都提供了其对应的封装类(称为封装器类 wrapper class),如表3-3所示。

表3-3 基本数据类型和对应的封装类

数据类型	对应的类	数据类型	对应的类
boolean	Boolean	int	Integer
byte	Byte	long	Long
char	Character	float	Float
short	Short	double	Double

应该注意的是,尽管由基本类型声明的变量或由其对应类建立的类对象,它们都可以保存同一个值,但在使用上不能互换,因为它们是两个完全不同的概念,一个是基本变量,一个是类的对象实例。

3.4.4 Java运算符和表达式

运算符和表达式是构成程序语句的要素,必须切实掌握灵活运用,Java提供了多种运算符,分别用于不同运算处理。表达式是由操作数(变量或常量)和运算符按一定的语法形式组成的符号序列,一个常量或一个变量名是最简单的表达式。表达式是可以计算值的运算式,一个表达式有确定类型的值。

一、算术运算符和算术表达式

算术运算符用于数值量的算术运算,它们是：＋(加),－(减),＊(乘),/(除),％(求余数),＋＋(自加1),－－(自减1)。

按照Java语法,我们把由算术运算符连接数值型操作数的运算式称之为算术表达式。例如：x＋y＊z/2、i＋＋、(a＋b)％10等。

加、减、乘、除四则运算大家已经很熟悉了,下边看一下其他运算符的运算：

％　求两数相除后的余数,如：5/3余数为2；5.5/3余数为2.5。

＋＋、－－　是一元运算符,参与运算的是单变量,其功能是自身加1或减1。它分为前置运算和后置运算,如：＋＋i,i＋＋,－－i,i－－等。

下边举一个例子说明算术运算符及表达式的使用。

【程序3-4】　使用算术运算符及表达式的示例程序。

```
class Arithmetic
{
  public static void main(String [ ] arg)
  {
    int a = 0, b = 1;
    float x = 5f, y = 10f;
    float s0, s1;
    s0 = x * a + + ;                //5 * 0 = 0
    s1 = + + b * y;                 //2 * 10 = 20
    System.out.println("a = " + a + "  b = " + b + "  s0 = " + s0 + "  s1 = " + s1);
    s0 = a + b;                     //1 + 2 = 3
    s1 + + ;                        //20 + 1 = 21
    System.out.println("x % s0 = " + x % s0 + "   s1 % y = " + s1 % y);
  }
}
```

程序的执行结果如图3-5所示。

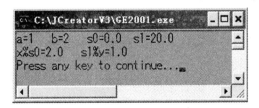

图3-5　程序3-4运行结果

二、关系运算符和关系表达式

关系运算符用于两个量的比较运算,它们是:＞(大于),＜(小于),＞=(大于等于),＜=(小于等于),==(等于),!=(不等于)。

关系运算符组成的关系表达式(或称比较表达式)产生一个布尔值。若关系表达式成立产生一个 true 值,否则产生一个 false 值。

例如:当 x=90,y=78 时,

x＞y 产生 true 值;

x==y 产生 false 值。

三、布尔逻辑运算符和布尔表达式

布尔逻辑运算符用于布尔量的运算,有 3 个布尔逻辑运算符:

1. !（逻辑非）

! 是一元运算符,用于单个逻辑或关系表达式的运算。

! 运算的一般形式是:! A

其中:A 是布尔逻辑或关系表达式。若 A 的值为 true,则! A 的值 false,否则为 true。

例如:若 x=90,y=80,则表达式:

!(x＞y) 的值为 false(由于 x＞y 产生 true 值)。

!(x==y)的值为 true(由于 x==y 产生 false 值)。

2. &&（逻辑与）

&& 用于两个布尔逻辑或关系表达式的与运算。

&& 运算的一般形式是:A&&B

其中:A、B 是布尔逻辑或关系表达式。若 A 和 B 的值均为 true,则 A&&B 的值 true,否则为 false。

例如:若 x=50,y=60,z=70,则表达式:

(x＞y)&&(y＞z)的值为 false(由于两个表达式 x＞y、y＞z 的关系均不成立)。

(y＞x)&&(z＞y)的值为 true(由于两个表达式 y＞x、z＞y 的关系均成立)。

(y＞x)&&(y＞z)的值为 false(由于表达式 y＞z 的关系不成立)。

3. ||（逻辑或）

|| 用于两个布尔逻辑或关系表达式的运算。

|| 运算的一般形式是:A||B

其中:A、B 是布尔逻辑或关系表达式。若 A 和 B 的值只要有一个为 true,则 A||B 的值为 true;若 A 和 B 的值均为 false 时,A||B 的值为 false。

例如:若 x=50,y=60,z=70,则表达式:

(x＞y)||(y＞z)的值为 false(由于两个表达式 x＞y、y＞z 的关系均不成立)。

(y＞x)||(z＞y)的值为 true(由于两个表达式 y＞x、z＞y 的关系均成立)。

(y＞x)||(y＞z)的值为 true(由于表达式 y＞x 的关系成立)。

下边举一个例子看一下布尔逻辑运算符及表达式的使用。

【程序 3-5】 布尔逻辑运算符及表达式的示例。

```
class LogicExam2_3
{
    public static void main(String [] arg)
    {
      int a = 0,b = 1;
      float x = 5f,y = 10f;
      boolean l1,l2,l3,l4,l5;
      l1 = (a = = b)||(x>y);        //l1 = false
      l2 = (x<y)&&(b! = a);         //l2 = true
      l3 = l1&&l2;                  //l3 = false
      l4 = l1||l2||l3;              //l4 = true
      l5 = !l4;                     //l5 = false
      System.out.println("l1 = " + l1 + " l2 = " + l2 + " l3 = " + l3 + " l4 = " + l4 + " l5 = " + l5);
    }
}
```

程序的执行结果如图 3-6 所示。

图 3-6　程序 3-5 运行结果

四、位运算符及表达式

位运算符主要用于整数的二进制位运算。可以把它们分为移位运算和按位运算。

1. 移位运算

(1) 位右移运算(>>)。>> 用于整数的二进制位右移运算,在移位操作的过程中,符号位不变,其他位右移。

例如,将整数 a 进行右移 2 位的操作: a>>2

(2) 位左移运算(<<)。

<< 用于整数的二进制位左移运算,在移位操作的过程中,左边的位移出(舍弃),右边位补 0。

例如,将整数 a 进行左移 3 位的操作: a<<3

(3) 不带符号右移运算(>>>)。

>>> 用于整数的二进制位右移运算,在移位操作的过程中,右边位移出,左边位补 0。

例如,将整数 a 进行不带符号右移 2 位的操作:a>>>2

2. 按位运算

(1) &(按位与)。

& 运算符用于两个整数的二进制按位与运算,在按位与操作过程中,如果对应两位的值均为 1,则该位的运算结果为 1,否则为 0。

例如,将整数 a 和 b 进行按位与操作:a&b

(2) |(按位或)。

| 运算符用于两个整数的二进制按位或运算,在按位或操作过程中,如果对应两位的值只要有一个为 1,则该位的运算结果为 1,否则为 0。

例如,将整数 a 和 b 进行按位或操作:a|b

(3) ^(按位异或)。

^ 运算符用于两个整数的二进制按位异或运算,在按位异或操作过程中,如果对应两位的值相异(即一个为 1,另一个为 0),则该位的运算结果为 1,否则为 0。

例如,将整数 a 和 b 进行按位异或操作:a^b

(4) ~(按位取反)。

~是一元运算符,用于单个整数的二进制按位取反操作(即将二进制位的 1 变为 0,0 变为 1)。

例如,将整数 a 进行按位取反操作:~a

下边举一个例子简要说明位运算的使用。

【程序 3-6】 整数二进制位运算的示例。为了以二进制形式显示,程序中使用 Integer 类的方法 toBinaryString()将整数值转换为二进制形式的字符串,程序代码如下:

```
class BitExam2_4
{
    public static void main(String [ ] arg)
    {
        int   i1 = -128,i2 = 127;
        System.out.println("    i1 = " + Integer.toBinaryString(i1));
        System.out.println("i1>>2 = " + Integer.toBinaryString(i1>>2));
        System.out.println("i1>>>2 = " + Integer.toBinaryString(i1>>>2));
        System.out.println("    i2 = " + Integer.toBinaryString(i2));
        System.out.println("i2>>>2 = " + Integer.toBinaryString(i2>>>2));
        System.out.println(" i1&i2 = " + Integer.toBinaryString(i1&i2));
        System.out.println(" i1^i2 = " + Integer.toBinaryString(i1^i2));
        System.out.println(" i1|i2 = " + Integer.toBinaryString(i1|i2));
        System.out.println("   ~i1 = " + Integer.toBinaryString(~i1));
    }
}
```

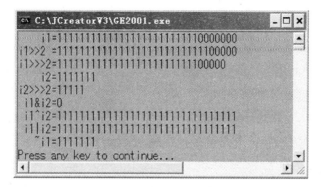

图 3-7　程序 3-6 运行结果

程序运行结果如图 3-7 所示。结果是以二进制形式显示的,如果是负值,32 位二进制位数全显示;如果是正值,前导 0 忽略,只显示有效位。

五、赋值运算符(＝)和赋值表达式

赋值运算符是最常用的运算符,用于把一个表达式的值赋给一个变量(或对象)。在前面的示例中,我们已经看到了赋值运算符的应用。

与 C、C++类似,Java 也提供了复合的或称扩展的赋值运算符:

对算术运算有:＋＝,－＝,＊＝,／＝,％＝。

对位运算有:　＆＝,^＝,|＝,<<＝,>>＝,>>>＝。

例如:

x＊＝x＋y;　　相当于 x＝x＊(x＋y);

x＋＝y;　　　相当于 x＝x＋y;

y＆＝z;　　　相当于 y＝y＆z;

y>>＝2;　　　相当于 y＝y>>2;

六、条件运算符(？:)及表达式

条件运算符是三元运算符,有条件运算符组成的条件表达式的一般使用格式是:

逻辑(关系)表达式　？表达式 1　:表达式 2

其功能是:若逻辑(关系)表达式的值为 true,取表达式 1 的值,否则取表达式 2 的值。条件运算符及条件表达式常用于简单分支的取值处理。

例如,若已定义 a,b 为整型变量且以赋值,求 a,b 两个数中的最大者,并赋给另一个量 max,可以用如下式子处理:

max＝(a>b)？a:b;

七、对象运算符

对象运算符如下:

1. 构造对象(new)

new 运算符主要用于构建类的对象,我们将在后边的章节作详细介绍。

2. 分量运算符(.)

运算符主要用于获取类、对象的属性和方法。例如上边程序中使用 System 类对象

的输出方法在屏幕上输出信息：System. out. println("my first Java program");

3. 对象测试(instanceof)

instanceof 运算符主要用于对象的测试。将在后边应用时介绍它。

八、表达式的运算规则

最简单的表达式是一个常量或一个变量,当表达式中含有两个或两以上的运算符时,就称为复杂表达式。在组成一个复杂的表达式时,要注意以下两点:

1. Java 运算符的优先级

表达式中运算的先后顺序由运算符的优先级确定,掌握运算的优先次序是非常重要的,它确定了表达式的表达是否符合题意,表达式的值是否正确。表 3 - 4 列出了 Java 中所有运算符的优先级顺序。

表 3 - 4 Java 运算符的优先次序

1	. , [ ] , ( )	9	&
2	一元运算:+,-,++,--,!,~	10	^
3	new,（类型）	11	|
4	* , / , %	12	&&
5	+ , -	13	||
6	>> , >>> , <<	14	? :
7	> , < , >= , <= , instanceof	15	= , += , -= , *= , /= , %= , ^=
8	== , !=	16	&= , |= , <<= , >>= , >>>=

当然,我们不必刻意去死记硬背这些优先次序,使用多了,自然也就熟悉了。在书写表达式时,如果不太熟悉某些优先次序,可使用()运算符改变优先次序。

2. 类型转换

整型、实型、字符型数据可以混合运算。运算中,不同类型的数据先转化为同一类型,然后进行运算,一般情况下,系统自动将两个运算数中低级的运算数转换为和另一个较高级运算数的类型相一致的数,然后再进行运算。

类型从低级到高级顺序示意如下:

低 ─────────────────────────────────→ 高

byte ─→ short, char ─→ int ─→ long ─→ float ─→ double

应该注意的是,如果将高类型数据转换成低类型数据,则需要强制类型转换,这样做有可能会导致数据溢出或精度下降。

如：long　num1 = 8；
　　int　num2 = (int)num1；
　　long　num3 = 547892L；
　　short　num4=(short)num3；　　//将导致数据溢出

3.4.5 语句

一、程序注释

如前所述,程序注释主要是为了程序的易读性。阅读一个没有注释的程序是比较痛苦的事情,因为对同一个问题,不同的人可能有不同的处理方式,要从一行行的程序语句中来理解他人的处理思想是比较困难的,特别对初学者来说。因此对一个程序语句,一个程序段,一个程序它的作用是什么,必要时都应该用注释简要说明。

程序中的注释不是程序的语句部分,它可以放在程序的任何地方,系统在编译时忽略它们。

注释可以在一行上,也可在多行上。有如下两种方式的注释:

1. 以双斜杠(//)开始

以"//"开始后跟注释文字。这种注释方式可单独占一行,也可放在程序语句的后边。例如,在下边的程序片段中使用注释:

```
    //下面定义程序中所使用的量
        int  id ;    //定义一整型变量id,表示识别号码。
        String   name;   //定义一字符串变量name,表示名字。
```

2. 以"/*"开始,以"*/"结束

当需要多行注释时,一般使用"/*……*/"格式作注释,中间为注释内容。

例如,在下边的程序片段中使用注释:

```
/*
   * 本程序是一个示例程序,在程序中定义了如下两个方法:
 * setName(String)——设置名字方法
 * getName()——获取名字方法。
 */

public void setName(String name)
{
   ………
}
public String getName()
{
   return name;
}
………
```

二、程序文档注释

程序文档注释是Java特有的注释方式,它规定了一些专门的标记,其目的是用于自动生成独立的程序文档。

程序文档注释通常用于注释类、接口、变量和方法。下面看一个注释类的例子：
```
/**
 * 该类包含了一些操作数据库常用的基本方法,诸如:在库中建立新的数据表、
 * 在数据表中插入新记录、删除无用的记录、修改已存在的记录中的数据、查询
 * 相关的数据信息等功能。
 * @author   unascribed
 * @version 1.50, 02/02/06
 * @since   JDK2.0
 */
```

在上边的程序文档注释中,除了说明文字之外,还有一些@字符开始的专门的标记,说明如下：

@author　　用于说明本程序代码的作者；

@version　　用于说明程序代码的版本及推出时间；

@since　　用于说明开发程序代码的软件环境。

还有一些其他的标记没有列出,需要时可参阅相关的手册及帮助文档。此外文档注释中还可以包含 HTML 标注。

JDK 提供的文档生成工具 javadoc.exe 能识别注释中这些特殊的标记和标注,并根据这些注解生成超文本 Web 页面形式的文档。

三、if 条件分支语句

一般情况下,程序是按照语句的先后顺序依次执行的,但在实际应用中,往往会出现这些情况,例如计算一个数的绝对值,若该数是一个正数（>=0）,其绝对值就是本身；否则取该数的负值(负负得正)。这就需要根据条件来确定执行所需要的操作。类似这样情况的处理,要使用 if 条件分支语句来实现。由三种不同形式 if 条件分支语句,其格式如下：

1. 格式 1

if（布尔表达式）语句；

功能:若布尔表达式(关系表达式或逻辑表达式)产生 true（真）值,则执行语句,否则跳过该语句。执行流程如图 3-8 所示。

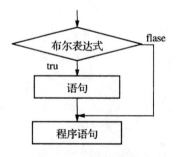

图 3-8　if 语句流程

其中,语句可以是单个语句或语句块(用大括号"{}"括起的多个语句)。

例如,求实型变量 x 的绝对值的程序段:

float   x = －45.2145f;

if(x<0)   x = －x;

System.out.println("x="＋x);

2. 格式 2

if(布尔表达式)   语句 1;

else   语句 2;

该格式分支语句的功能流程如图 3－9 所示,如果布尔表达式的值为 true 执行语句 1;否则执行语句 2。

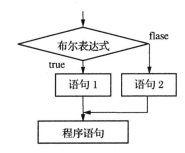

图 3－9 if～else 语句流程

例如,下边的程序段测试一门功课的成绩是否通过:

int   score = 40;

boolean b = Score>=60; //布尔型变量 b 是 false

if(b)   System.out.println("你通过了测试");

else   System.out.println("你没有通过测试");

这是一个简单的例子,我们定义了一个布尔变量,主要是说明一下它的应用。当然我们可以将上述功能程序段,写为如下方式:

int score = 40;

if(score>=60)   System.out.println("你通过了测试");

else   System.out.println("你没有通过测试");

3. 格式 3

if(布尔表达式 1)   语句 1;

else if(布尔表达式 2)   语句 2;

……

else if(布尔表达式 n－1)   语句 n－1;

else   语句 n;

这是一种多者择一的多分支结构,其功能是:如果布尔表达式 i(i=1～n－1)的值为 true,则执行语句 i;否则(布尔表达式 i(i=1～n－1)的值均为 false)执行语句 n。功能流程见图 3－10。

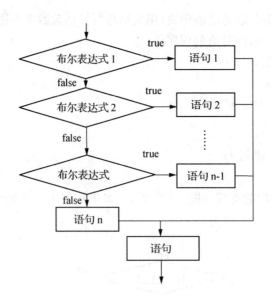

图 3‐10 if-else if-else 语句流程

【程序 3‐7】 为考试成绩划定五个级别,当成绩大于或等于 90 分时,划定为优;当成绩大于或等于 80 且小于 90 时,划定为良;当成绩大于或等于 70 且小于 80 时,划定为中;当成绩大于或等于 60 且小于 70 时,划定为及格;当成绩小于 60 时,划定为差。可以写出下边的程序代码:

```
/* 这是一个划定成绩级别的简单程序
 * 程序的名字是 ScoreExam3_3.java
 * 它主要演示多者择一分支语句的应用。
 */
public class ScoreExam3_3
{
  public static void main(String [] args)
  {
   int score = 75;
   if(score >= 90) System.out.println("成绩为优 = " + score);
   else  if(score >= 80) System.out.println("成绩为良 = " + score);
   else  if(score >= 70) System.out.println("成绩为中 = " + score);
   else  if(score >= 60) System.out.println("成绩为及格 = " + score);
   else  System.out.println("成绩为差 = " + score);
  }
}
```

四、switch 条件语句

如上所述,if～ else if ～ else 是实现多分支的语句。但是当分支较多时,使用这种形式会显得比较麻烦,程序的可读性差且容易出错。Java 提供了 switch 语句实现"多者择一"的功能。switch 语句的一般格式如下:

　　switch(表达式)
　　{
　　　　case 常量 1：语句组 1；[break；]
　　　　case 常量 2：语句组 2；[break；]
　　　　……………………………
　　　　case 常量 n－1：语句组 n－1；[break；]
　　　　case 常量 n：语句组 n；[break；]
　　　　default：语句组 n＋1；
　　}

其中:
(1) 表达式是可以生成整数或字符值的整型表达式或字符型表达式。
(2) 常量 i(i＝1～n)是对应于表达式类型的常量值。各常量值必须是唯一的。
(3) 语句组 i(i＝1～n+1)　可以是空语句,也可是一个或多个语句。
(4) break 关键字的作用是结束本 switch 结构语句的执行,跳到该结构外的下一个语句执行。

switch 语句的执行流程如图 3－11 所示。先计算表达式的值,根据计值查找与之匹配的常量 i,若找到,则执行语句组 i,遇到 break 语句后跳出 switch 结构,否则继续执行下边的语句组。如果没有查找到与计值相匹配的常量 i,则执行 default 关键字后的语句 n＋1。

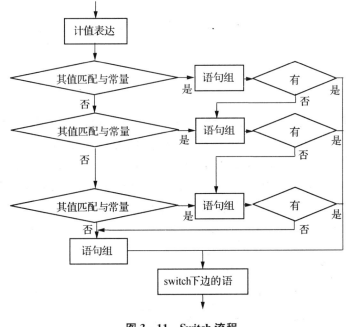

图 3－11　Switch 流程

【程序 3－8】　使用 switch 结构重写【程序 3－7】,程序参考代码如下:

/* 这是一个划定成绩级别的简单程序
 * 程序的名字是 SwitchExam3_4.java
 * 它主要演示多者择一分支语句的应用。
*/

```java
public class SwitchExam3_4
{
    public static void main(String [] args)
    {
        int score = 75;
        int n = score /10;
        switch(n)
        {
            case 10:
            case  9: System.out.println("成绩为优 = " + score);
                    break;
            case  8: System.out.println("成绩为良 = " + score);
                    break;
            case  7: System.out.println("成绩为中 = " + score);
                    break;
            case  6: System.out.println("成绩为及格 = " + score);
                    break;
            default: System.out.println("成绩为差 = " + score);
        }
    }
}
```

比较一下,我们可以看出,用 switch 语句处理多分支问题,结构比较清晰,程序易读易懂。使用 switch 语句的关键在于计值表达式的处理,在上边程序中 n＝score/10,当 score＝100 时,n＝10;当 score 大于等于 90 小于 100 时,n＝9,因此常量 10 和 9 共用一个语句组。此外 score 在 60 分以下,n＝5,4,3,2,1,0 统归为 default,共用一个语句组。

【**程序 3-9**】 给出年份、月份,计算输出该月的天数。

/* 这是一个计算某年某月天数的程序
 * 程序的名字是:DayofMonthExam3_5.java
 * 程序的目的是演示 Switch 结构的应用。
*/

```java
public class DayofMonthExam3_5
{
```

```java
public static void main(String [] args)
{
    int year = 1980;
    int month = 2;
    int day = 0;
    switch(month)
    {
        case   2:   day=28;    //非闰年28天,下边判断是否闰年,闰年29天
                if((year%4==0)&&((year%400==0)||(year%100!=0)))day++;
                    break;
        case   4:
        case   6:
        case   9:
        case   11: day = 30;
                    break;
        default:   day = 31;
    }
    System.out.println(year+"年"+month+"月有"+day+"天");
}
}
```

当然你也可以使用 if～else if～else 语句结构来编写该应用的代码,这一任务作为作业留给大家。比较一下,看一下哪种方式更好一些,更容易被接受。

五、for 循环语句

在程序中,重复地执行某段程序代码是最常见的,Java 也和其他的程序设计语言一样,提供了循环执行代码语句的功能。

for 循环语句是最常见的循环语句之一。for 循环语句的一般格式如下：

for（表达式 1；表达式 2；表达式 3）

{

　　语句组；//循环体

}

其中：

（1）表达式 1 一般用于设置循环控制变量的初始值,例如:int i=1;

（2）表达式 2 一般是关系表达式或逻辑表达式,用于确定是否继续进行循环体语句的执行。例如:i<100;

（3）表达式 3 一般用于循环控制变量的增减值操作。例如:i++;或 i――;

（4）语句组是要被重复执行的语句称之为循环体。语句组可以是空语句（什么也不做）、单个语句或多个语句。

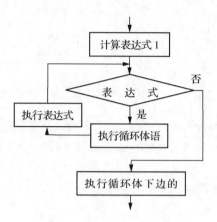

图 3-12 for 结构流程

for 循环语句的执行流程如图 3-12 所示。先计算表达式 1 的值；再计算表达式 2 的值，若其值为 true，则执行一遍循环体语句；然后再计算表达式 3。之后又一次计算表达式 2 的值，若值为 true，则再执行一遍循环体语句；又一次计算表达式 3；再一次计算表达式 2 的值……如此重复，直到表达式 2 的值为 false，结束循环，执行循环体下边的程序语句。

【程序 3-10】 计算 sum=1+2+3+4+5+…+100 的值。

/* 这是一个求和的程序

  * 程序的名字是：SumExam3_6.java

  * 主要是演示 for 循环结构的应用。

  */

```
public class SumExam3_6
{
    public static void main(String [ ] args)
    {
        int sum = 0;
        for(int i = 1; i< = 100; i + +)
         {
          sum + = i;
         }
        System.out.println("sum = " + sum) ;
    }
}
```

该例子中我们使用的是 for 标准格式的书写形式，在实际应用中，可能会使用一些非标准但符合语法和应用要求书写形式。不管何种形式,我们只要掌握 for 循环的控制流程即可。下边我们看一个例子。

【程序 3-11】 这是一个古典数学问题:一对兔子从它出生后第 3 个月起,每个月都生一对小兔子,小兔子 3 个月后又生一对小兔子,假设兔子都不死,求每个月的兔子对数。该数列为:

    1 1 2 3 5 8 13 21… 即从第 3 项开始,其该项是前两项之和。求 100 以内的波那契数列。程序参考代码如下:

```
/**
 *功能概述:    生成 100 以内的斐波那契数列
 *Fibonacci.java 文件
 *
 */
public class FibonacciExam3_7
{
    public static void main(String args[])
    {
        System.out.println("斐波那契数列:");
        /** 采用 for 循环,声明 3 个变量:
                i——当月的兔子数(输出);
                j——上月的兔子数;
                m——中间变量,用来记录本月的兔子数
        */
        for(int i = 1, j = 0, m = 0;   i<100;   )
        {
            m = i;      //记录本月的兔子数
            System.out.print(" " + i);   //输出本月的兔子数
            i = i + j;   //计算下月的兔子数
            j = m;      //记录本月的兔子数
        }
        System.out.println("");
    }
}
```

编译运行程序,结果如图 3-13 所示。

在该程序中我们使用了非标准形式的 for 循环格式,缺少表达式 3。在实际应用中,根据程序设计人员的喜好,三个表达式中,那一个都有可能被省去。但无论哪种形式,即便三个表达式语句都省去,两个表达式语句的分隔符";"也必须存在,缺一不可。

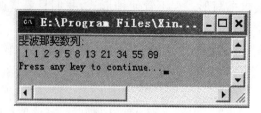

图 3-13　程序 3-11 运行结果

六、while 和 do-while 循环语句

一般情况下，for 循环用于处理确定次数的循环；while 和 do-while 循环用于处理不确定次数的循环。

1. while 循环

while 循环的一般格式是：

　　while(布尔表达式)
　　{
　　　　语句组；　　//循环体
　　}

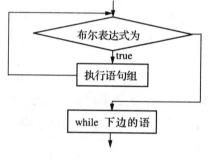

图 3-14　while 循环流程

其中：

（1）布尔表达式可以是关系表达式或逻辑表达式，它产生一个布尔值。

（2）语句组是循环体，要重复执行的语句序列。

while 循环的执行流程如图 3-14 所示。当布尔表达式产生的布尔型值是 true 时，重复执行循环体（语句组）操作，当布尔表达式产生值是 false 时，结束循环操作，执行 while 循环体下边的程序语句。

【程序 3-12】　计算 n!，当 n=9 时。并分别输出 1!～9! 各阶乘的值。

/* 程序的功能是计算 1～9 的各阶乘值
 * 程序的名字是：FactorialExam3_8.java
 * 目的在于演示 while()循环结构
 */

```
public class FactorialExam3_8
{
  public static void main(String [ ] args)
  {
  int i = 1;
    int product = 1;
    while(i<=9)
    {
```

```
          product * = i;
          System.out.println(i + "! = " + product);
          i++;
        }
      }
    }
```

编译、运行程序,结果如图 3-15 所示。

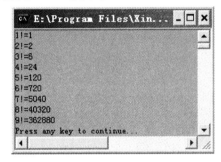

图 3-15   程序 3-12 运行结果

【程序 3-13】 修改【程序 3-11】使用 while 循环显示 100 以内的斐波那契数列。请注意和 for 循环程序之间的差别。

/**————————————————————————————

 * 功能概述:使用 while 循环计算 100 以内的斐波那契数列

 * Fibo_whileExam3_9.java 文件

 *————————————————————————————

 */

```
public class Fibo_whileExam3_9
{
  public static void main(String args[])
    {
      int i = 1;
      int j = 0;
      int m = 0;
      System.out.println("斐波那契数列:");
      while(i<100)
        {
          m = i;
          System.out.print(" " + i);
          i = i + j;
          j = m;
```

```
      }
      System.out.println("");
   }
}
```

2．do-while 循环

do-while 循环的一般格式是：

  do
   {
    语句组；   //循环体
   }
  while(布尔表达式)；

我们注意一下 do-while 和 while 循环在格式上的差别，然后再留意一下它们在处理流程上的差别。图 3-16 描述了 do-while 的循环流程。

从两种循环的格式和处理流程我们可以看出它们之间的差别在于：while 循环先判断布尔表达式的值，如果表达式的值为 true 则执行循环体，否则跳过循环体的执行。因此如果一开始布尔表达式的值就为 false，那么循环体一次也不被执行。do-while 循环是先执行一遍循环体，然后再判断布尔表达式的值，若为 true 则再次执行循环体，否则执行后边的程序语句。无论布尔表达式的值如何，do-while 循环都至少会执行一遍循环体语句。下边我们看一个测试的例子。

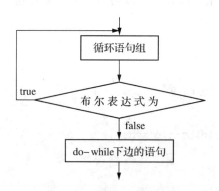

图 3-16 do-while 循环流程

【程序 3-14】 while 和 do-while 循环比较测试示例。

```
/** Test_while_do_whileExam3_10.java 文件
  * 功能概述:进行 while 和 do-while 循环的测试
  */
public class Test_while_do_whileExam3_10
{
  public static void main(String args[])
```

```
    {
        int i = 0;    //声明一个变量
        System.out.println("准备进行 while 操作");
        while (i<0)
        {
          i++;
          System.out.println("进行第" + i + "次 while 循环操作");
        }
        System.out.println("准备进行 do-while 循环");
        i = 0;
        do
        { i++;
          System.out.println("进行第" + i + "次 do-while 循环操作");
        }
        while(i<0);
    }
}
```

程序运行结果如图 3-17 所示。

图 3-17　程序 3-14 运行结果

编译、运行程序,结果如图 3-17 所示。大家可以分析一下结果,比较两种循环之间的差别。

七、break 语句

在前边介绍的 switch 语句结构中,我们已经使用过 break 语句,它用来结束 switch 语句的执行。使程序跳到 switch 语句结构后的第一个语句去执行。

break 语句也可用于循环语句的结构中。同样它也用来结束循环,使程序跳到循环结构后边的语句去执行。

break 语句有如下两种格式：

(1) break;

(2) break 标号;

第一种格式比较常见,它的功能和用途如前所述。

第二种格式带标号的 break 语句并不常见,它的功能是结束其所在结构体(switch 或循环)的执行,跳到该结构体外由标号指定的语句去执行。该格式一般适用于多层嵌套的循环结构和 switch 结构中,当你需要从一组嵌套较深的循环结构或 switch 结构中跳出时,该语句是十分有效的,它大大简化了操作。

在 Java 程序中,每个语句前边都可以加上一个标号,标号是由标识符加上一个":"号字符组成。

下边我们举例说明 break 语句的应用。

【程序 3-15】 输出 50~100 以内的所有素数。所谓素数即是只能被 1 和其自身除尽的正整数。

```
/**
 * 这是一个求 50~100 之间所有素数的程序,程序名为:Prime50_100Exam3_11.java
 * 目的是演示一下 break 语句的使用。
 */
class Prime50_100Exam3_11
{
  public static void main(String[ ] args)
  {
     int n,m,i;
     for( n=50; n<100; n++)
     {
       for( i=2; i<=n/2; i++)
       {
          if(n%i==0)  break;    //被 i 除尽,不是素数,跳出本循环
       }
       if(i>n/2)     //若 i>n/2,说明在上边的循环中没有遇到被除尽的数
       {
         System.out.print(n+"  ");   //输出素数
       }
     }
  }
}
```

八、continue 语句

continue 语句只能用于循环结构中,它和 break 语句类似,也有两种格式:

(1) continue;

(2) continue 标号;

第一种格式比较常见,它用来结束本轮次循环(即跳过循环体中下面尚未执行的语句),直接进入下一轮次的循环。

第二种格式并不常见,它的功能是结束本循环的执行,跳到该循环体外由标号指定的语句去执行。它一般用于多重(即嵌套)循环中,当需要从内层循环体跳到外层循环体执

行时,使用该格式十分有效,它大大简化了程序的操作。

下边举例说明 continue 语句的用法。

【**程序 3-16**】 输出 10~1000 之间既能被 3 整除也能被 7 整除的数。

```
/* 本程序计算 10~1000 之间既能被 3 整除也能被 7 整除的数
 * 程序的名字是:Mul_3and7Exam3_13.java
 * 目的是演示 continue 语句的用法。
 */
```

```
public class Mul_3and7Exam3_13
{
    public static void main(String args[])
    {
        int k = 1;
        System.out.println("在 10~1000 可被 3 与 7 整除的为");
        for(int n = 10; n< = 1000; n + + )
        {
            if(n%3! = 0 || n%7! = 0) continue;
            System.out.print(n + " ");
            if(k + + %10 = = 0)System.out.println("");//k 用来控制 1 行打印 10 个
        }
        System.out.println(" ");
    }
}
```

编译、运行程序,结果如图 3-18 所示。

图 3-18 程序 3-16 运行结果

九、返回语句 return

return 语句用于方法中,该语句的功能是结束该方法的执行,返回到该方法的调用者或将方法中的计算值返回给方法的调用者。return 语句有以下两种格式:

(1) return;

(2) return 表达式;

第一种格式用于无返回值的方法;第二种格式用于需要返回值的方法。

下边举一个例子简要说明 return 语句的应用。

【程序 3-17】 判断一个正整数是否是素数,若是计算其阶乘。判断素数和阶乘作为方法定义,并在主方法中调用它们。程序参考代码如下:

/** 该程序包含以下两个方法
* prime()方法判断一个整数是否为素数
* factorial()方法用于求一个整数的阶乘
* 目的主要是演示 return 语句的应用
*/

```java
public class Math_mothodExam3_15
{
    public static boolean prime(int n)    //判断n是否素数方法
    {
        for(int i = 2; i<n/2; i++)
        {
            if(n%i = = 0)    return false;   //n不是素数
        }
        return true;  //n是素数
    }  //prime()方法结束
    public static int factorial(int n)  //求阶乘方法
    {
     if(n<=1) return 1;
        int m = 1;
     for(int i = 1; i<=n; i++) m*=i;
     return m;
    } //factorial()方法结束
    public static void main(String args[])  //主方法
    {
        int n = 13;
        System.out.println(n + "是素数吗?" + prime(n));
        if(prime(n)) System.out.println(n + "! = " + factorial(n));
    }  //main()方法结束
}
```

编译、运行程序,结果如图 3-19 所示。

图 3-19 例 3-17 运行结果

3.5 面向对象程序设计

3.5.1 面向对象的特点

一、什么是面向对象

面向对象的方法将系统看作是现实世界对象的集合,在现实世界中包含被归类的对象。如前所述,面向对象系统是以类为基础的,我们把一系列具有共同属性和行为的对象划归为一类。属性代表类的特性,行为代表有类完成的操作。

例如:例如汽车类定义了汽车必须有属性:车轮个数、颜色、型号、发动机的能量等;类的行为有:启动、行驶、加速、停止等。

对象是类的一个实例,它展示了类的属性和行为。例如,李经理的那辆红旗牌轿车就是汽车类的一个对象。

二、面向对象的特性

1. 抽象

所谓抽象就是不同的角色站在不同的角度观察世界。比如,当你购买电视机时,站在使用的角度,你所关注的是电视机的品牌、外观及功能等等。然而,对于电视机的维修人员来说,站在维修的角度,他们所关注的是电视机的内部,各部分元器件的组成及工作原理等。

其实,所有编程语言的最终目的都是提供一种"抽象"方法。在早期的程序设语言中,一般把所有问题都归纳为列表或算法,其中一部分是面向基于"强制"的编程,而另一部分是专为处理图形符号设计的。每种方法都有自己特殊的用途,只适合解决某一类的问题。面向对象的程序设计可以根据问题来描述问题,不必受限于特定类型的问题。我们将问题空间中的元素称之为"对象",在处理一个问题时,如果需要一些在问题空间没有的其他对象,则可通过添加新的对象类型与处理的问题相配合,这无疑是一种更加灵活、更加强大的语言抽象方法。

2. 继承

继承提供了一种有助于我们概括出不同类中共同属性和行为的机制,并可由此派生出各个子类。

例如,麻雀类是鸟类的一个子类,该类仅包含它所具有特定的属性和行为,其他的属性和行为可以从鸟类继承。我们把鸟类称之为父类(或基类),把由鸟类派生出的麻雀类称之为子类(或派生类)。

在Java中,不允许类的多重继承(即子类从多个父类继承属性和行为),也就是说子类只允许有一个父类。父类派生多个子类,子类又可以派生多个子子类……这样就构成了类的层次结构。

3. 封装

封装提供了一种有助于我们向用户隐藏他们所不需要的属性和行为的机制,而只将用户可直接使用的那些属性和行为展示出来。

例如,使用电视机的用户不需要了解电视机内部复杂工作的具体细节,他们只需要知道诸如:开、关、选台、调台等这些设置与操作就可以了。

4. 多态

多态指的是对象在不同情况下具有不同表现的一种能力。

例如,一台长虹牌电视机是电视机类的一个对象,根据模式设置的不同,它有不同的表现。若我们把它设置为静音模式,则它只播放画面不播放声音。

在 Java 中通过方法的重载和覆盖来实现多态性。

三、面向对象的好处

今天我们选择面向对象的程序设计方法,其主要原因是:

1. 现实的模型

我们生活在一个充满对象的现实世界中,从逻辑理念上讲,用面向对象的方法来描述现实世界的模型比传统的过程方法更符合人的思维习惯。

2. 重用性

在面向对象的程序设计过程中,我们创建了类,这些类可以被其他的应用程序所重用,这就节省程序的开发时间和开发费用,也有利于程序的维护。

3. 可扩展性

面向对象的程序设计方法有利于应用系统的更新换代。当对一个应用系统进行某项修改或增加某项功能时,不需要完全丢弃旧的系统,只需对要修改的部分进行调整或增加功能即可。可扩展性是面向对象程序设计的主要优点之一。

3.5.2 类的定义

随着计算机应用的深入,软件的需求量越来越大,另一方面计算机硬件飞速发展也使得软件的规模越来越大,导致软件的生产、调试、维护越来越困难,因而发生了软件危机。人们期待着一种效率高、简单、易理解且更加符合人们思维习惯的程序设计语言,以加快软件的开发步伐、缩短软件开发生命周期,面向对象就是在这种情况下应运而生的。

我们可以把客观世界中的每一个实体都看作是一个对象,如一个人、一辆汽车、一个按钮、一只鸟等等。因此对象可以简单定义为:"展示一些定义好的行为的、有形的实体"。当然在我们的程序开发中,对象的定义并不局限于看得见摸得着的实体,诸如一个贸易公司,它作为一个机构,并没有物理上的形状,但却具有概念上的形状,它有明确的经营目的和业务活动。根据面向对象的倡导者 Grady Booch 的理论,对象具有如下特性:

① 它具有一种状态;

② 它可以展示一种行为;

③ 它具有唯一的标识。

对象的状态通过一系列属性及其属性值来表示；对象的行为是指在一定的期间内属性的改变；标识是用来识别对象的，每一个对象都有唯一的标识，诸如每个人都有唯一的特征，在社会活动中，使用身份证号码来识别。

我们生活在一个充满对象的世界中，放眼望去，不同形状、不同大小和颜色各异的对象；静止的和移动的对象。面对这些用途各异、五花八门的对象，我们该如何下手处理它们呢？借鉴于动物学家将动物分成纲、属、科、种的方法。我们也可以把这些对象按照它们所拥有的共同属性进行分类。例如，麻雀、鸽子、燕子等都叫作鸟。它们具有一些共同的特性：有羽毛、有飞翔能力、下蛋孵化下一代等。因此我们把它们归属为鸟类。

综上所述我们可以简单地把类定义为："具有共同属性和行为的一系列对象"。

如前所述，类是对现实世界中实体的抽象，类是一组具有共同特征和行为的对象的抽象描述。因此，一个类的定义包括如下两个方面：

① 定义属于该类对象共有的属性（属性的类型和名称）；

② 定义属于该类对象共有的行为（所能执行的操作即方法）。

类包含类的声明和类体两部分，其定义类的一般格式如下：

[**访问限定符**] [**修饰符**] **class** 类名 [**extends** 父类名] [**implements** 接口名列表>] //类声明

  { //类体开始标志

   [**类的成员变量说明**] //属性说明

   [**类的构造方法定义**]

   [**类的成员方法定义**] //行为定义

  } //类体结束标志

对类声明的格式说明如下：

① 方括号"[ ]"中的内容为可选项，在下边的格式说明中意义相同，不再重述。

② 访问限定符的作用是：确定该定义类可以被哪些类使用。可用的访问限定符如下：

 ➢ **public** 表明是公有的。可以在任何 Java 程序中的任何对象里使用公有的类。该限定符也用于限定成员变量和方法。如果定义类时使用 public 进行限定，则类所在的文件名必须与此类名相同（包括大小写）。

 ➢ **private** 表明是私有的。该限定符可用于定义内部类，也可用于限定成员变量和方法。

 ➢ **protected** 表明是保护的。只能为其子类所访问。

 ➢ **默认访问** 若没有访问限定符，则系统默认是友元的（friendly）。友元的类可以被本类包中的所有类访问。

③ 修饰符的作用是：确定该定义类如何被其他类使用。可用的类修饰符如下：

 ➢ **abstract** 说明该类是抽象类。抽象类不能直接生成对象。

 ➢ **final** 说明该类是最终类，最终类是不能被继承的。

④ **class** 是关键字,定义类的标志(注意全是小写)。

⑤ **类名**是该类的名字,是一个 Java 标识符,含义应该明确。一般情况下单词首字大写。

⑥ **父类名**跟在关键字"**extends**"后,说明所定义的类是该父类的子类,它将继承该父类的属性和行为。父类可以是 Java 类库中的类,也可以是本程序或其他程序中定义的类。

⑦ **接口名表**是接口名的一个列表,跟在关键字"**implements**"后,说明所定义的类要实现列表中的所有接口。一个类可以实现多个接口,接口名之间以逗号分隔。如前所述,Java 不支持多重继承,类似多重继承的功能是靠接口实现的。

以上简要介绍了类声明中各项的作用,我们将在后边的章节进行详细讨论。

类体中包含类成员变量和类方法的声明及定义,类体以定界符左大括号"{"开始,右大括号"}"结束。类成员变量和类方法的声明及定义将下边各节中进行详细讨论。

我们先看一个公民类的定义示例。

public class Citizen
{
　　［声明成员变量］　　　//成员变量(属性)说明
　　［定义构造方法］　　　//构造方法(行为)定义
　　［定义成员方法］　　　//成员方法(行为)定义
}

我们把它定义为公有类,在任何其他的 Java 程序中都可以使用它。

一、成员变量

成员变量用来表明类的特征(属性)。声明或定义成员变量的一般格式如下：

［访问限定符］［修饰符］　数据类型 成员变量名［=初始值］；

其中：

(1) **访问限定符**用于限定成员变量被其他类中的对象访问的权限,和如上所述的类访问限定符类似。

(2) **修饰符**用来确定成员变量如何在其他类中使用。可用的修饰符如下：

➢ **static**　表明声明的成员变量为静态的。静态成员变量的值可以由该类所有的对象共享,它属于类,而不属于该类的某个对象。即使不创建对象,使用"类名.静态成员变量"也可访问静态成员变量。

➢ **final**　表明声明的成员变量是一个最终变量,即常量。

➢ **transient**　表明声明的成员变量是一个暂时性成员变量。一般来说成员变量是类对象的一部分,与对象一起被存档(保存),但暂时性成员变量不被保存。

➢ **volatile**　表明声明的成员变量在多线程环境下的并发线程中将保持变量的一致性。

(3) **数据类型**可以是简单的数据类型,也可以是类、字符串等类型,它表明成员变量的数据类型。

类的成员变量在类体内方法的外边声明,一般常放在类体的开始部分。

下边我们声明公民类的成员变量,公民对象所共有的属性有:姓名、别名、性别、出生年月、出生地、身份标识等。

```
import    java.util.*;
public class Citizen
{
    //以下声明成员变量(属性)
    String    name;
    String    alias;
    String    sex;
    Date      birthday;    //这是一个日期类的成员变量
    String    homeland;
    String    ID;
    //以下定义成员方法(行为)
    ……
}
```

在上边的成员变量声明中,除出生年月被声明为日期型(Date)外,其他均为字符串型。由于 Date 类被放在 java.util 类包中,所以在类定义的前边加上 import 语句。

二、成员方法

方法用来描述对象的行为,在类的方法中可分为构造器方法和成员方法,本小节先介绍成员方法。

成员方法用来实现类的行为。方法也包含两部分,方法声明和方法体(操作代码)。

方法定义的一般格式如下:

[访问限定符][修饰符] 返回值类型　方法名([形式参数表])　[throws 异常表]
{
　　[变量声明]　　　　//方法内用的变量,局部变量
　　[程序代码]　　　　//方法的主体代码
　　[return [表达式]]　//返回语句
}

在方法声明中:

(1) **访问限定符**如前所述。

(2) **修饰符**用于表明方法的使用方式。可用于方法的修饰符如下:

- **abstract** 说明该方法是抽象方法,即没有方法体(只有"{}"引起的空体方法)。
- **final** 说明该方法是最终方法,即不能被重写。
- **static** 说明该方法是静态方法,可通过类名直接调用。
- **native** 说明该方法是本地化方法,它集成了其他语言的代码。
- **synchronized** 说明该方法用于多线程中的同步处理。

(3) **返回值类型**应是合法的 java 数据类型。方法可以返回值,也可不返回值,可视具体需要而定。当不需要返回值时,可用 void(空值)指定,但不能省略。

（4）**方法名**是合法 Java 标识符，声明了方法的名字。

（5）**形式参数表**说明方法所需要的参数，有两个以上参数时，用","号分隔各参数，说明参数时，应声明它的数据类型。

（6）**throws 异常表**定义在执行方法的过程中可能抛出的异常对象的列表（放在后边讲异常的章节中讨论）。

以上简要介绍了方法声明中各项的作用，在后边章节的具体应用示例中再加深理解。

方法体内是完成类行为的操作代码。根据具体需要，有时会修改或获取对象的某个属性值，也会访问列出对象的相关属性值。下边还以公民类为例介绍成员方法的应用，在类中加入设置名字、获取名字和列出所有属性值 3 个方法。

【**程序 3-18**】 完善公民类 Citizen。程序如下：

/* 这是一个公民类的定义程序

* 程序的名字是：Citizen.java

*/

```java
    import java.util.*;
    public class Citizen
    {
       //以下声明成员变量(属性)
       String   name;
       String   alias;
       String   sex;
       Date   brithday;   //这是一个日期类的成员变量
       String   homeland;
       String   ID;
    //以下定义成员方法(行为)
    public String   getName()   //获取名字方法
    {         //getName()方法体开始
        return   name;   //返回名字
    }       //getName()方法体结束
    /*** 下边是设置名字方法 *** /
    public void setName(String name)
    {       //setName()方法体开始
        this.name = name;
    }       //setName()方法体结束
    /*** 下边是列出所有属性方法 *** /
    public void displayAll()
    {     //displayAll()方法体开始
        System.out.println("姓名:" + name);
```

```
            System.out.println("别名:" + alias);
            System.out.println("性别:" + sex);
            System.out.println("出生:" + birthday.toLocaleString());
            System.out.println("出生地:" + homeland);
            System.out.println("身份标识:" + ID);
        }    //displayAll()方法体结束
    }
```

在程序 3-18 中，两个方法无返回值（void），一个方法返回名字（String）；两个方法不带参数，一个方法带有一个参数，有关参数的使用将在后边介绍。在显示属性方法中，出生年月的输出使用了将日期转换为字符串的转换方法 toLocaleString()。

需要说明的是，在设置名字方法 setName() 中使用了关键字 **this**，this 代表当前对象，其实在方法体中引用成员变量或其他的成员方法时，引用前都隐含着"this."，一般情况下都会缺省它，但当成员变量与方法中的局部变量同名时，为了区分且正确引用，成员变量前必须加"this."不能缺省。

三、构造方法

构造方法用来构造类的对象。如果在类中没有构造方法，在创建对象时，系统使用默认的构造方法。定义构造方法的一般格式如下：

[**public**]   类名（[**形式参数列表**]）
{
　　[**方法体**]
}

我们可以把构造方法的格式和成员方法的格式作一个比较，可以看出构造方法是一个特殊的方法。应该严格按照构造方法的格式来编写构造方法，否则构造方法将不起作用。有关构造方法的格式强调如下：

（1）构造方法的名字就是类名。

（2）访问限定只能使用 public 或缺省。一般声明为 public，如果缺省，则只能在同一个包中创建该类的对象。

（3）在方法体中不能使用 return 语句返回一个值。

下边我们在【程序 3-18】定义的公民类 Citizen 中添加如下的构造方法：

```
    public Citizen(String name, String alias, String sex, Date birthday, String homeland, String ID)
    {
        this.name = name;
        this.alias = alias;
        this.sex = sex;
        this.birthday = birthday;
```

```
    this.homeland = homeland;
    this.ID = ID;
}
```

到此为止,我们简要介绍了类的结构并完成了一个简单的公民类的定义。

3.5.3 对象

我们已经定义了公民(Citizen)类,但它只是从"人"类中抽象出来的模板,要处理一个公民的具体信息,必须按这个模板构造出一个具体的人来,他就是 Citizen 类的一个实例,也称作对象。

一、对象的创建

创建对象需要以下三个步骤。

1. 声明对象

声明对象的一般格式如下:

类名 对象名;

例如:

```
Citizen  p1,p2;      //声明了两个公民对象
Float f1,f2;         //声明了两个浮点数对象
```

声明对象后,系统还没有为对象分配存储空间,只是建立了空的引用,通常称之为空对象(null)。因此对象还不能使用。

2. 创建对象

对象只有在创建后才能使用,创建对象的一般格式如下:

对象名 = new 类构造方法名([实参表]);

其中:类构造方法名就是类名。new 运算符用于为对象分配存储空间,它调用构造方法,获得对象的引用(对象在内存中的地址)。

例如:

```
p1 = new Citizen("小明","电气工程学院","女",new Date(),"中国上海","410105651230274x");
f1 = new Float(30f);
f2 = new Float(45f);
```

注意:声明对象和创建对象也可以合并为一条语名,其一般格式是:

类名 对象名 =   new 类构造方法名([实参表]);

例如:

```
Citizen p1 = new Citizen("小明","电气工程学院","女",new Date(),"中国上海","410105651230274x");
```

```
Float f1 = new Float(30f);
Float f2 = new Float(45f);
```

3. 引用对象

在创建对象之后，就可以引用对象了。引用对象的成员变量或成员方法需要对象运算符"."。

引用成员变量的一般格式是：**对象名.成员变量名**

引用成员方法的一般格式是：**对象名.成员方法名**([**实参列表**])

在创建对象时，某些属性没有给予确定的值，随后可以修改这些属性值。例如：

Citizen p2＝new Citizen("李明","","男",null,"南京","50110119850624273x")；

对象 p2 的别名和出生年月都给了空值，我们可以下边的语句修正它们：

p2. alias＝"飞翔鸟"；

p2. birthday＝new Date("6/24/85")；

名字中出现别字，我们也可以调用方法更正名字：

p2. setName("李鸣")；

二、对象的清除

在 Java 中，程序员不需要考虑跟踪每个生成的对象，系统采用了自动垃圾收集的内存管理方式。运行时系统通过垃圾收集器周期性地清除无用对象并释放它们所占的内存空间。

垃圾收集器作为系统的一个线程运行，当内存不够用时或当程序中调用了 System.gc()方法要求垃圾收集时，垃圾收集器便于系统同步运行开始工作。在系统空闲时，垃圾收集器和系统异步工作。

事实上，在类中都提供了一个撤销对象的方法 finalize()，但并不提倡使用该方法。若在程序中确实希望清除某对象并释放它所占的存储空间时，只需将空引用(null)赋给它即可。

3.6 面向对象应用综合开发实例

本小节介绍两个简单的示例，以加深理解前边介绍的一些基本概念，对 Java 程序有一个较为全面的基本认识。

【**程序 3－19**】 编写一个测试 Citizen 类功能程序，创建 Citizen 对象并显示对象的属性值。

```
/* Citizen 测试程序
 * 程序的名字是：TestCitizenExam4_2.java
 */
import java.util.*;
public class TestCitizenExam4_2
```

```
    {
        public static void main(String [ ] args)
        {
            Citizen p1,p2;    //声明对象
            //创建对象 p1,p2
            p1 = new Citizen("小明","电气工程学院","女",new Date("12 /30 /88"),
"上海","421010198812302740");
            p2 = new Citizen ( "李明"," "," 男 ", null," 南京 ","
50110119850624273x");
            p2.setName("李鸣");    //调用方法更正对象的名字
            p2.alias = "飞翔鸟";    //修改对象的别名
            p2.brithday = new Date("6 /24 /85");  //修改对象的出生日期
            p1.displayAll();    //显示对象 p1 的属性值
            System.out.println("- - - - - - - - - - - - - - - - - - - -");
            p2.displayAll();    //显示对象 p2 的属性值
        }
    }
```

如前所述,一个应用程序的执行入口是 main()方法,上边的测试类程序中只有主方法,没有其他的成员变量和成员方法,所有的操作都在 main()方法中完成。

需要说明的是,程序中使用了 JDK1.1 的一个过时的构造方法 Date(日期字符串),所以在编译的时候,系统会输出提示信息提醒你注意。一般不提倡使用过时的方法,类似的功能已由相关类的其他方法所替代。在这里使用它,主要是为了程序简单阅读容易。

请读者认真阅读程序,结合前边介绍的内容,逐步认识面向对象程序设计的基本方法。

在程序中,从声明对象、创建对象、修改对象属性到执行对象方法等等,我们一切度是围绕对象在操作。

【程序 3-20】 定义一个几何图形圆类,计算圆的周长和面积。

```
/* 这是一个定义圆类的程序
 * 程序的名字是 CircleExam4_3.prg
 * 该类定义了计算面积和周长的方法。
 */

public class CircleExam4_3
{
    final double PI = 3.1415926;    //常量定义
    double radius = 0.0 ;            //变量定义
    //构造方法定义
```

```java
        public CircleExam4_3(double radius)
        {
            this.radius = radius;
        }
    //成员方法计算周长
    public double circleGirth()
        {
            return   radius * PI * 2.0;
        }
    //成员方法计算面积
    public double circleSurface()
        {
            return radius * radius * PI;
        }
    //主方法
    public static void main(String [ ] args)
        {
        CircleExam4_3 c1,c2;
        c1 = new CircleExam4_3(5.5);
        c2 = new CircleExam4_3(17.2);
        System.out.println("半径为 5.5 圆的周长 = " + c1.circleGirth()
+ " 面积 = " + c1.circleSurface());
        System.out.println("半径为 17.2 圆的周长 = " + c2.circleGirth()
+ " 面积 = " + c2.circleSurface());
        }
    }
```

编译、运行程序,执行结果如图 3－20 所示。

图 3－20　程序 3－20 运行结果

本章小结

本章主要讲述了程序的注释、简单的输入输出方法、条件分支结构的控制语句和循环结构的控制语句以及 break、continue、return 等控制语句，它们是程序设计的基础。面向对象的程序设计是以类为基础的，一个类包含两种成份，一种是数据成份（变量），一种是行为成份（方法）。根据这两种成份，在定义类时，数据成份被声明为类的成员变量，行为成份被声明为类的成员方法，应该认真理解熟练掌握并应用。

 习题及上机题

1. 进行简单 Java 编程，能够根据给出的三个变量值进行求和及平均值。

2. 创建一个桌子类 table，该类中有桌子名称，重量，桌面宽度，长度和桌子高度属性，并含有以下几个方法。

（1）构造方法：初始化所有成员变量。

（2）area( )：计算桌面的面积。

（3）display()：在屏幕上输出所有成员变量的值。

（4）changeweight(int w)：改变桌子重量。

在 main()方法中实现创建一个桌子对象，计算桌面的面积，改变桌子重量，并在屏幕上输出所有桌子的属性值。

3. 创建一个银行账户类，要求能够存放用户的账号、姓名、密码和账户余额等个人信息，并包含存款、取款、查询余额和修改账户密码操作，并用此类创建对象，对象的账号为 100，姓名为 Tom，密码为 11111，账户余额为 10000。

第四章 Android 基本控件

控件是 Android 程序设计的基本组成单位，通过使用控件可以高效地开发 Android 应用程序。所以，熟练掌握控件的使用是合理、有效地进行 Android 程序开发的重要前提。本章将首先对 Android 程序的 UI 界面进行介绍，然后对 Android 应用程序开发中的常用组件进行详细讲解。

4.1 编辑框 EditText 与按钮 Button

按钮组件是在人机交互时使用较多的组件，当用户进行某些选择的时候，就可以通过按钮的操作来接收用户的选择，编辑框主要负责用户的输入操作。

（1）显示组件（EditView）的功能是显示一些文字信息，如果要想在屏幕上显示可以输入的文本的组件，Android 平台提供了编辑框组件 EditText，EditText 组件也是 EditView 的一个子类，其层次关系如下：

```
java.lang.Object
  android.view.View
    android.widget.TextView
      android.widget.EditText
```

直接子类：AutoCompleteTextView，ExtractEditText
间接子类：MultiAutoCompleteTextView

（2）Button 类的层次关系如下：

```
java.lang.Object
  android.view.View
    android.widget.TextView
      android.widget.Button
```

直接子类：CompoundButton
间接子类：CheckBox，RadioButton，ToggleButton

4.1.1 EditText 常用的方法

方　法	功能描述	返回值
setImeOptions	设置软键盘的 Enter 键	void
getImeActionLable	设置 IME 动作标签	Charsequence
getDefaultEditable	获取是否默认可编辑	boolean
setEllipse	设置文件过长时控件的显示方式	void
setFreeezesText	设置保存文本内容及光标位置	void
getFreeezesText	获取保存文本内容及光标位置	boolean
setGravity	设置文本框在布局中的位置	void
getGravity	获取文本框在布局中的位置	int
setHint	设置文本框为空时，文本框默认显示的字符	void
getHint	获取文本框为空时，文本框默认显示的字符	Charsequence
setIncludeFontPadding	设置文本框是否包含底部和顶端的额外空白	void
setMarqueeRepeatLimit	在 ellipsize 指定 marquee 的情况下，设置重复滚动的次数，当设置为 marquee_forever 时表示无限次	void

4.1.2 EditText 标签的主要属性

属性名称	描　述
android:autoLink	设置是否当文本为 URL 链接/email/电话号码/map 时，文本显示为可点击的链接。可选值（none/web/email/phone/map/all）。这里只有在同时设置 text 时才自动识别链接，后来输入的无法自动识别。
android:bufferType	指定 getText() 方式取得的文本类别。选项 editable 类似于 StringBuilder 可追加字符，也就是说 getText 后可调用 append 方法设置文本内容。
android:capitalize	设置英文字母大写类型。设置如下值：sentences 仅第一个字母大写；words 每一个单词首字母大小，用空格区分单词；characters 每一个英文字母都大写。在模拟器上用 PC 键盘直接输入可以出效果，但是用软键盘无效果。
android:cursorVisible	设定光标为显示/隐藏，默认显示。如果设置 false，即使选中了也不显示光标栏。
android:digits	设置允许输入哪些字符，如"1234567890.+－*/%\n()"。
android:drawableBottom	在 text 的下方输出一个 drawable(如图片)。如果指定一个颜色的话会把 text 的背景设为该颜色，并且同时和 background 使用时覆盖后者。
android:drawableLeft	在 text 的左边输出一个 drawable(如图片)。

(续表)

属性名称	描　述
android:drawablePadding	设置 text 与 drawable（图片）的间隔，与 drawableLeft、drawableRight、drawableTop、drawableBottom 一起使用，可设置为负数，单独使用没有效果。
android:drawableRight	在 text 的右边输出一个 drawable，如图片。
android:editable	设置是否可编辑。仍然可以获取光标，但是无法输入。
android:ellipsize	设置当文字过长时，该控件该如何显示。
android:freezesText	设置保存文本的内容以及光标的位置。
android:gravity	设置文本位置，如设置成"center"，文本将居中显示。
android:hint	Text 为空时显示的文字提示信息，可通过 textColorHint 设置提示信息的颜色。
android:imeOptions	设置软键盘的 Enter 键。有如下值可设置：normal，actionUnspecified，actionNone，actionGo，actionSearch，actionSend，actionNext，actionDone，flagNoExtractUi，flagNoAccessoryAction，flagNoEnterAction。可用 '|' 设置多个。
android:imeActionId	设置 IME 动作 ID，在 onEditorAction 中捕获判断进行逻辑操作。
android:imeActionLabel	设置 IME 动作标签。但是不能保证一定会使用，猜想在输入法扩展的时候应该有用。
android:includeFontPadding	设置文本是否包含顶部和底部额外空白，默认为 true。
android:inputMethod	为文本指定输入法，需要完全限定名（完整的包名）。例如：com.google.android.inputmethod.pinyin，但是这里报错找不到。sentences 仅第一个字母大写；words 每一个单词首字母大小，用空格区分单词；characters 每一个英文字母都大写。
android:inputType	设置文本的类型，用于帮助输入法显示合适的键盘类型。有如下值设置：none、text、textCapCharacters 字母大小、textCapWords 单词首字母大小、textCapSentences 仅第一个字母大小、textAutoCorrect、textAutoComplete 自动完成、textMultiLine 多行输入、textImeMultiLine 输入法多行（如果支持）、textNoSuggestions 不提示、textEmailAddress 电子邮件地址、textEmailSubject 邮件主题、textShortMessage 短信息（会多一个表情按钮出来，点开如下图：　）、textLongMessage 长讯息、textPersonName 人名、textPostalAddress 地址、textPassword 密码、textVisiblePassword 可见密码、textWebEditText 作为网页表单的文本、textFilte 文本筛选过滤、textPhonetic 拼音输入、numberSigned 有符号数字格式、numberDecimal 可带小数点的浮点格式、phone 电话号码、datetime 时间日期、date 日期、time 时间。
android:marqueeRepeatLimit	在 ellipsize 指定 marquee 的情况下，设置重复滚动的次数，当设置为 marquee_forever 时表示无限次。

(续表)

属性名称	描 述
android:ems	设置 TextView 的宽度为 N 个字符的宽度。
android:maxEms	设置 TextView 的宽度为最长为 N 个字符的宽度。与 ems 同时使用时覆盖 ems 选项。
android:minEms	设置 TextView 的宽度为最短为 N 个字符的宽度。与 ems 同时使用时覆盖 ems 选项。
android:maxLength	限制输入字符数。如设置为 5,那么仅可以输入 5 个汉字/数字/英文字母。
android:lines	设置文本的行数,设置两行就显示两行,即使第二行没有数据。
android:maxLines	设置文本的最大显示行数,与 width 或者 layout_width 结合使用,超出部分自动换行,超出行数将不显示。
android:minLines	设置文本的最小行数,与 lines 类似。
android:linksClickable	设置链接是否点击连接,即使设置了 autoLink。
android:lineSpacingExtra	设置行间距。
android:lineSpacingMultiplier	设置行间距的倍数,如"1.2"。
android:numeric	如果被设置,该 TextView 有一个数字输入法。有如下值设置:integer 正整数、signed 带符号整数、decimal 带小数点浮点数。
android:password	以小点"."显示文本。
android:phoneNumber	设置为电话号码的输入方式。
android:privateImeOptions	提供额外的输入法选项(字符串格式)。依据输入法而决定是否提供。
android:scrollHorizontally	设置文本超出 TextView 的宽度的情况下,是否出现横拉条。
android:selectAllOnFocus	如果文本是可选择的,让他获取焦点而不是将光标移动为文本的开始位置或者末尾位置。TextView 中设置后无效果。
android:shadowColor	指定文本阴影的颜色,需要与 shadowRadius 一起使用。
android:shadowDx	设置阴影横向坐标开始位置。
android:shadowDy	设置阴影纵向坐标开始位置。
android:shadowRadius	设置阴影的半径。设置为 0.1 就变成字体的颜色了,一般设置为 3.0 的效果比较好。
android:singleLine	设置单行显示。如果和 layout_width 一起使用,当文本不能全部显示时,后面用"…"来表示。如 android:text="test_ singleLine " android:singleLine="true" android:layout_width="20dp"将只显示"t…"。如果不设置 singleLine 或者设置为 false,文本将自动换行。
android:text	设置显示文本。
android:textAppearance	设置文字外观。如"? android:attr/textAppearanceLargeInverse"这里引用的是系统自带的一个外观,? 表示系统是否有这种外观,否则使用默认的外观。可设置的值如下:textAppearanceButton/textAppearanceInverse/textAppearanceLarge/textAppearanceLargeInverse/textAppearanceMedium/textAppearanceMediumInverse/textAppearanceSmall/textAppearanceSmallInverse。

第四章 Android 基本控件

(续表)

属性名称	描 述
android:textColor	设置文本颜色。
android:textColorHighlight	被选中文字的底色,默认为蓝色。
android:textColorHint	设置提示信息文字的颜色,默认为灰色。与 hint 一起使用。
android:textColorLink	文字链接的颜色。
android:textScaleX	设置文字缩放,默认为 1.0f。参见 TextView 的截图。
android:textSize	设置文字大小,推荐度量单位"sp",如"15sp"。
android:textStyle	设置字形[bold(粗体) 0, italic(斜体) 1, bolditalic(又粗又斜) 2] 可以设置一个或多个,用"|"隔开。
android:typeface	设置文本字体,必须是以下常量值之一:normal 0, sans 1, serif 2, monospace(等宽字体) 3]。
android:height	设置文本区域的高度,支持度量单位:px(像素)/dp/sp/in/mm(毫米)。
android:maxHeight	设置文本区域的最大高度。
android:minHeight	设置文本区域的最小高度。
android:width	设置文本区域的宽度,支持度量单位:px(像素)/dp/sp/in/mm(毫米)。
android:maxWidth	设置文本区域的最大宽度。
android:minWidth	设置文本区域的最小宽度。

4.1.3 Button 类的方法

方 法	功能描述	返回值
Button	Button 类的构造方法。	Null
onKeyDown	当用户按键时,该方法调用。	Boolean
onKeyUp	当用户按键弹起后,该方法被调用。	Boolean
onKeyLongPress	当用户保持按键时,该方法被调用。	Boolean
onKeyMultiple	当用户多次调用时,该方法被调用。	Boolean
invalidateDrawable	刷新 Drawable 对象。	void
scheduleDrawable	定义动画方案的下一帧。	void
unscheduleDrawable	取消 scheduleDrawable 定义的动画方案。	void
onPreDraw	设置视图显示,列如在视图显示之前调整滚动轴的边界。	Boolean
sendAccessibilityEvent	发送事件类型指定的 AccessibilityEvent。发送请求之前,需要检查 Accessibility 是否打开。	void
sendAccessibilityEventUnchecked	发送事件类型指定的 AccessibilityEvent。发送请求之前,不需要检查 Accessibility 是否打开。	void
setOnKeyListener	设置按键监听。	void

4.1.4 Button 标签的属性

由于 Button 是继承 TextView,所以 TextView 有的属性,它都能用。

属　性	描　述
android:layout_height	设置控件高度。可选值:fill_parent,warp_content,px。
android:layout_width	设置控件宽度,可选值:fill_parent,warp_content,px。
android:text	设置控件名称,可以是任意字符。
android:layout_gravity	设置控件在布局中的位置,可选项:top,left,bottom,right,center_vertical,fill_vertica,fill_horizonal,center,fill 等。
android:layout_weight	设置控件在布局中的比重,可选值:任意的数字。
android:textColor	设置文字的颜色。
android:bufferType	设置取得的文本类别,normal、spannable、editable。
android:hint	设置文本为空时所显示的字符。
android:textColorHighlight	设置文本被选中时,高亮显示的颜色。
android:inputType	设置文本的类型,none、text、textWords 等。

【程序 4-1】　在 Android 应用中,登录是经常使用的,下面我们学习一下如何开发一个登录窗口,同时学习 EditText 和 Button 控件。程序运行界面如图 4-1 所示。

图 4-1　用户登录界面

一、设计登录窗口

步骤一　打开"res/layout/activity_main.xml"文件。

分别从工具栏向 activity 拖出 2 个 EditText(来自 Text Fields)、1 个按钮(来自 Form Widgets),如图 4-2 所示。

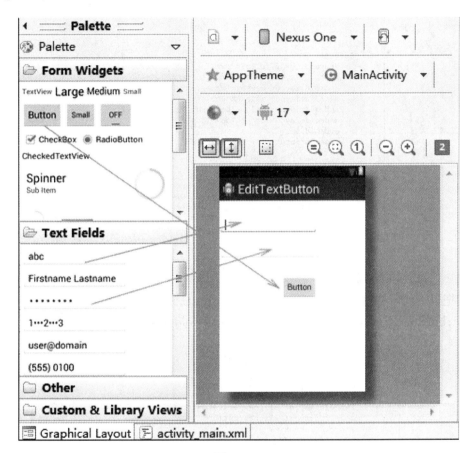

图 4-2

步骤二　打开 activity_main.xml 文件。

代码自动生成如下:注意①和②虽同为 EditText,但②要输入密码,故 android:inputType="textPassword"。

```xml
<EditText
    android:id="@+id/editText1"           ①
    android:layout_width="wrap_content"
    android:layout_height="wrap_content"
    android:layout_alignParentLeft="true"
    android:layout_alignParentTop="true"
    android:layout_marginTop="34dp"
    android:ems="10" >

    <requestFocus />
</EditText>

<EditText
    android:id="@+id/editText2"           ②
    android:layout_width="wrap_content"
    android:layout_height="wrap_content"
    android:layout_alignParentLeft="true"
    android:layout_below="@+id/editText1"
    android:layout_marginTop="18dp"
    android:ems="10"
    android:inputType="textPassword" />

<Button
    android:id="@+id/button1"             ③
    android:layout_width="wrap_content"
    android:layout_height="wrap_content"
    android:layout_alignRight="@+id/editText1"
    android:layout_below="@+id/editText2"
    android:layout_marginTop="36dp"
    android:text="Button" />
```

步骤三 修改控制名称。

我们把以上代码修改成如下代码,具体为:editText1 变为 userName;eidtText2 变为 passWord;buttion1 变为 login。登录按钮的文本:android:text="Button"变为"登录"。

```xml
<EditText
    android:id="@+id/userName"            ①
    android:layout_width="wrap_content"
    android:layout_height="wrap_content"
    android:layout_alignParentLeft="true"
    android:layout_alignParentTop="true"
    android:layout_marginTop="34dp"
    android:ems="10" >

    <requestFocus />
</EditText>

<EditText
    android:id="@+id/passWord"            ②
    android:layout_width="wrap_content"
    android:layout_height="wrap_content"
    android:layout_alignParentLeft="true"
    android:layout_below="@+id/userName"
    android:layout_marginTop="18dp"
    android:ems="10"
    android:inputType="textPassword" />

<Button
    android:id="@+id/login"               ③
    android:layout_width="wrap_content"
    android:layout_height="wrap_content"
    android:layout_alignRight="@+id/userName"
    android:layout_below="@+id/passWord"
    android:layout_marginTop="36dp"
    android:text="登录" />
```

步骤四　简单界面运行效果图4-3所示。

图4-3

现在运行程序,已经在手机上看起来很像一个登录窗口了。但是,我们单击"登录"按钮,却没有什么反应。我们下面学习如何在"登录"按钮上添加单击事件。

二、单击事件

打开"src/com. genwoxue. edittextbutton/MainActivity. java"文件。然后输入以下代码:

```java
package com.genwoxue.edittextbutton;

import android.os.Bundle;
import android.app.Activity;
import android.widget.EditText;
import android.widget.Button;
import android.view.View;
import android.view.View.OnClickListener;
import android.widget.Toast;                                              ①

public class MainActivity extends Activity {
    private EditText tvUserName=null;
    private EditText tvPassword=null;                                     ②
    private Button btnLogin=null;

    @Override
    protected void onCreate(Bundle savedInstanceState) {
        super.onCreate(savedInstanceState);
        setContentView(R.layout.activity_main);

        tvUserName=(EditText)super.findViewById(R.id.userName);
        tvPassword=(EditText)super.findViewById(R.id.passWord);           ③
        btnLogin=(Button)super.findViewById(R.id.Login);
        btnLogin.setOnClickListener(new LoginOnClickListener());
    }

    private class LoginOnClickListener implements OnClickListener{
        public void onClick(View v){                                      ④
            String username=tvUserName.getText().toString();
            String password=tvPassword.getText().toString();
            String info="用户名: "+username+" ☆☆密码: "+password;
            Toast.makeText(getApplicationContext(), info,Toast.LENGTH_SHORT).show();
        }
    }
}
```

在以上代码中,我们着重分析一下带有背景部分代码,其他是最简单的基础代码,如果不明白,请参考上一章内容。

(1) 第①部分:导入 5 个包。

(2) 第②部分:声明三个控件变量。

(3) 第③部分:这一部分 findViewById() 方法是一个关键,这个方法表示从 R.java 文件中找到一个 View(注意:我们可以把控件和 Acitivity 都当成一个 View)。例如,tvUserName=(EditText)super.findViewById(R.id.userName)表示我们从 R 文件中找到 userName 代表的控件最后返给 tvUserName,下一步我们可以通过 tvUserName.getText()方法进一步获取到它的值。

另一个关键是就是给"登录"按钮添加单击监听事件:btnLogin.setOnClickListener(new LoginOnClickListener())。

(4) 第④部分:我们新建一个类 LoginOnClickListener 继承接口 OnClickListener 用以实现单击事件监听。

Toast.makeText(getApplicationContext(),info,Toast.LENGTH_SHORT).show()用以提示输入的用户名和密码。

效果如图 4-4 所示。

图 4-4

4.2 单选按钮 RadioGroup 与复选框 CheckBox

单选按钮 RadioButton 在 Android 平台上的应用也非常多,比如一些选择项的时候,会用到单选按钮。实现单选按钮由两部分组成,RadioButton 指的是一个单选按钮,它有选中和不选中两种状态;而 RadioGroup 组件也被称为单项按钮组,它可以有多个

RadioButton。一个单选按钮组只可以勾选一个按钮,当选择一个按钮时,会取消按钮组中其他已经勾选的按钮的选中状态。也就是 RadioButton 和 RadioGroup 配合使用。RadioGroup 类的层次关系如下:

```
java.lang.Object
    android.view.View
        android.view.ViewGroup
            android.widget.LinearLayout
                android.widget.RadioGroup
```

多项选择 CheckBox 组件也被称为复选框,该组件常用于某选项的打开或者关闭。它的层次关系如下:

```
java.lang.Object
    android.view.View
        android.widget.TextView
            android.widget.Button
                android.widget.CompoundButton
                    android.widget.CheckBox
```

4.2.1 RadioGroup 常用的方法

方　　法	功能描述	返回值
void　addView（View child, int index, ViewGroup.LayoutParams params）	使用指定的布局参数添加一个子视图	void
void check（int id）	作为指定的选择标识符来清除单选按钮组的勾选状态,相当于调用 clearCheck()操作	void
void clearCheck（）	清除当前的选择状态,当选择状态被清除,则单选按钮组里面的所有单选按钮将取消勾选状态,getCheckedRadioButtonId()将返回 null	void
int getCheckedRadioButtonId（）	返回该单选按钮组中所选择的单选按钮的标识 ID,如果没有勾选则返回－1	int
void　　setOnCheckedChangeListener（RadioGroup.OnCheckedChangeListener listener）	注册一个当该单选按钮组中的单选按钮勾选状态发生改变时所要调用的回调函数	void

4.2.2 CheckBox 常用的方法

方法	功能描述	返回值
dispatchPopulateAccessibilityEvent	在子视图创建时,分派一个辅助事件	boolean(true:完成辅助事件分发,false:没有完成辅助事件分发)
isChecked	判断组件状态是否勾选	boolean(true:被勾选,false:未被勾选)
onRestoreInstanceState	设置视图恢复以前的状态	void
performClick	执行 click 动作,该动作会触发事件监听器	boolean(true:调用事件监听器,false:没有调用事件监听器)
setButtonDrawable	根据 Drawable 对象设置组件的背景	void
setChecked	设置组件的状态	void
setOnCheckedChangeListener	设置事件监听器	void
tooggle	改变按钮当前的状态	void
onCreateDrawableState	获取文本框为空时,文本框里面的内容	CharSequence
onCreateDrawableState	为当前视图生成新的 Drawable 状态	int[]

【程序 4-2】 在 Android 应用中,单选按钮和复选框也是经常使用的,下面我们一起学习一下。我们需要学习 Android 中的基本控件:(1)单选按钮 RadioGroup,(2)复选框 CheckBox,如图 4-5 所示。

图 4-5

一、设计登录窗口

步骤一 打开"res/layout/activity_main.xml"文件。分别从工具栏向 activity 拖出 1 个单选按钮列表 RadioGroup（注意自动包含 3 个单选按钮 RadioButton）、2 个复选框 CheckBox、1 个按钮 Button。这 3 个控件均来自 Form Widgets，如图 4-6 所示。

图 4-6

步骤二 打开 activity_main.xml 文件。我们把自动生成的代码修改成如下代码，具体为：

（1）RatioGroup 的 id 修改为 gender，两个 RadioButton 的 id 分别修改为 male 和 female，其文本分别修改为男和女；

注意：第 1 个单选按钮 android:checked="true"表示此单选按钮默认为选择。

（2）两个 CheckBox 的 id 修改为 football 和 basketball，其文本分别修改为足球和篮球；

（3）Button 的 id 修改为 save，其文本修改为"保存"。

```xml
<RadioGroup
    android:id="@+id/gender"
    android:layout_width="wrap_content"
    android:layout_height="wrap_content"
    android:layout_alignParentLeft="true"
    android:layout_alignParentTop="true" >
    <RadioButton
        android:id="@+id/male"
        android:layout_width="wrap_content"
        android:layout_height="wrap_content"
        android:checked="true"
        android:text="男" />
    <RadioButton
        android:id="@+id/female"
        android:layout_width="wrap_content"
        android:layout_height="wrap_content"
        android:text="女" />
</RadioGroup>

<CheckBox
    android:id="@+id/football"
    android:layout_width="wrap_content"
    android:layout_height="wrap_content"
    android:layout_alignParentLeft="true"
    android:layout_below="@+id/gender"
    android:text="足球" />
<CheckBox
    android:id="@+id/basketball"
    android:layout_width="wrap_content"
    android:layout_height="wrap_content"
    android:layout_alignParentLeft="true"
    android:layout_below="@+id/football"
    android:text="篮球" />

<Button
    android:id="@+id/save"
    android:layout_width="wrap_content"
    android:layout_height="wrap_content"
    android:layout_alignParentLeft="true"
    android:layout_below="@+id/basketball"
    android:text="保存" />
```

① ② ③

步骤三　界面如图 4-7 所示。

图 4-7

这个界面常用于注册，我们可以在控件前加"性别"、"爱好"提示，也可以把整个布局排得更美观一些，但不是现在，在以后我们学过布局章节再说，我们现在把最重要的精力放在控件的使用上。相信不久的将来，你会把页面做得更漂亮。

二、单击事件

打开"src/com.genwoxue.RadioGroupCheckBox/MainActivity.java"文件，然后输入以下代码：

```java
package com.genwoxue.radiogroupcheckbox;

import android.os.Bundle;
import android.app.Activity;
import android.view.View;
import android.widget.RadioButton;                    ①
import android.widget.CheckBox;
import android.widget.Button;
import android.widget.Toast;
import android.view.View.OnClickListener;

public class MainActivity extends Activity {
    private RadioButton rbMale=null;
    private RadioButton rbFemale=null;
    private CheckBox cbFootBall=null;                 ②
    private CheckBox cbBasketBall=null;
    private Button btnSave=null;

    @Override
    protected void onCreate(Bundle savedInstanceState) {
        super.onCreate(savedInstanceState);
        setContentView(R.layout.activity_main);

        rbMale=(RadioButton)super.findViewById(R.id.male);
        rbFemale=(RadioButton)super.findViewById(R.id.female);
        cbFootBall=(CheckBox)super.findViewById(R.id.football);       ③
        cbBasketBall=(CheckBox)super.findViewById(R.id.basketball);
        btnSave=(Button)super.findViewById(R.id.save);
        btnSave.setOnClickListener(new SaveOnClickListener());
    }
    private class SaveOnClickListener implements OnClickListener{
        public void onClick(View v){
            String sGender="";
            String sFav="";
            String sInfo="";

            if(rbMale.isChecked())
                sGender=rbMale.getText().toString();
            if(rbFemale.isChecked())
                sGender=rbFemale.getText().toString();
            if(cbFootBall.isChecked())                                 ④
                sFav=sFav+cbFootBall.getText().toString();
            if(cbBasketBall.isChecked())
                sFav=sFav+cbBasketBall.getText().toString();

            sInfo="性别："+sGender+"☆☆☆"+"爱好："+sFav;

            Toast.makeText(getApplicationContext(), sInfo, Toast.LENGTH_LONG).show();
        }
    }
}
```

在以上代码中，我们着重分析一下带有背景部分，其他是最简单的基础代码，如果不明白，请参考上一章内容。

（1）第①部分：导入与 RadioButton、CheckBox 相关的 2 个包。

（2）第②部分：声明 5 个控件变量。

（3）第③部分：与上一章类同。

① findViewById()方法完成5个控件的捕获。

② "保存"按钮添加单击监听事件:btnSave. setOnClickListener (new SaveOnClickListener())。

(4) 第④部分:我们新建一个类 SaveOnClickListener 继承接口 OnClickListener 用以实现单击事件监听。

Toast. makeText(getApplicationContext(),sInfo,Toast. LENGTH_SHORT). show()用以显示提示信息:性别与爱好。

注意:isChecked()方法用来判断 RadioButton 和 CheckBox 控件是否被选中,如果选中返回 true,否则返回 false。

效果如图4-8所示。

图4-8

4.3 下拉列表框 Spinner

Spinner 功能类似 RadioGroup,相比 RadioGroup,Spinner 提供了体验性更强的 UI 设计模式。一个 Spinner 对象包含多个子项,每个子项只有两种状态,选择或未被选中。Spinner 类的层次关系如下:

```
java. lang. Object
    android. view. View
        android. view. ViewGroup
            android. widget. AdapterView<T extends android. widget. Adapter>
```

```
android.widget.AbsSpinner
android.widget.Spinner
```

4.3.1 Spinner 常用的方法

方　　法	功能描述	返回值
int getBaseline()	返回这个控件文本基线的偏移量	返回控件基线左边边界位置,不支持时返回-1
CharSequence getPrompt()	当对话框弹出的时候显示的提示	void
onClick(DialogInterface dialog, int which)	当点击弹出框中的项时这个方法将被调用	void
performClick()	调用此视图的 OnClickListener	Boolean
setPromptId(CharSequence prompt)	设置对话框弹出的时候显示的提示	void

【**程序 4-3**】 在 Android 应用中,下拉列表框 Spinner 的使用频次是相当高的,如果你对 Spinner 陌生,你一定不会对 HTML 中的 SELECT 陌生,他们的作用是一样的,都是多选一。我们需要学习 Android 中的基本控件下拉列表框 Spinner,如图 4-9 所示。

图 4-9

一、设计登录窗口

步骤一　打开"res/layout/activity_main.xml"文件。

分别从工具栏向 activity 拖出 1 个下拉列表框 Spinner、1 个按钮 Button,如图 4-10 所示。这 2 个控件均来自 Form Widgets。

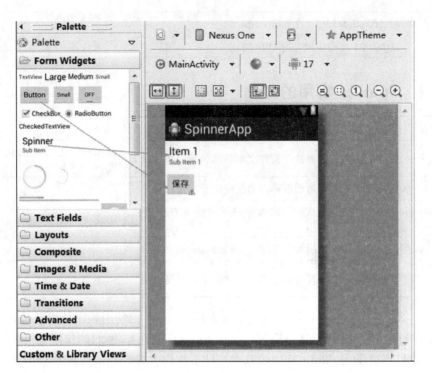

图 4-10

步骤二　新建 province.xml 文件。

在"res/values"位置新建 province.xml 文件。

(1) province.xml 文件位置如图 4-11 所示。

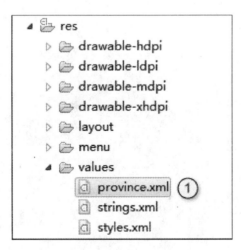

图 4-11

（2）province.xml 内容如下：

```xml
<?xml version="1.0" encoding="utf-8"?>
<resources>

    <string-array name="provarray">
        <item>河南省</item>
        <item>河北省</item>
        <item>山东省</item>
        <item>山西省</item>
    </string-array>

</resources>
```
②

步骤三 打开 activity_main.xml 文件。

我们把自动生成的代码修改成如下代码，具体为：

（1）Spinner 的 id 修改为 province；

注意：android：entries = " @ array/provarray"，表示 Spinner 的 Items 使用的是 province.xml 中 provarray 的值。

（2）Button 的 id 修改为 save，其文本修改为"保存"。

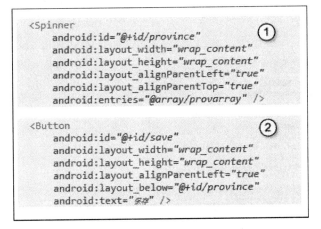

步骤四 界面如图 4－12 所示。

图 4-12

二、单击事件

打开"src/com.genwoxue.spinnerapp/MainActivity.java"文件。
然后输入以下代码：

```java
package com.genwoxue.spinnerapp;

import android.os.Bundle;
import android.app.Activity;
import android.view.View;
import android.widget.Spinner;
import android.widget.Button;
import android.widget.Toast;
import android.view.View.OnClickListener;

public class MainActivity extends Activity {

    private Spinner spinProvice=null;
    private Button btnSave=null;

    @Override
    protected void onCreate(Bundle savedInstanceState) {
        super.onCreate(savedInstanceState);
        setContentView(R.layout.activity_main);

        spinProvice=(Spinner)super.findViewById(R.id.province);
        btnSave=(Button)super.findViewById(R.id.save);
        btnSave.setOnClickListener(new SaveOnClickListener());
    }

    private class  SaveOnClickListener implements OnClickListener{
        public void onClick(View v){
            String sInfo="";
            sInfo=spinProvice.getSelectedItem().toString();;
            Toast.makeText(getApplicationContext(), sInfo, Toast.LENGTH_LONG).show();
        }
    }
}
```

① ② ③ ④

在以上代码中,我们着重分析一下带有背景部分。

(1) 第①部分:导入与 Spinner 相关的包。

(2) 第②部分:声明 2 个控件变量。

(3) 第③部分:① findViewById()方法完成 2 个控件的捕获。

② "保存" 按钮添加单击监听事件:btnSave. setOnClickListener(new SaveOnClickListener())。

(4) 第④部分:① 我们新建一个类 SaveOnClickListener 继承接口 OnClickListener 用以实现单击事件监听。

② Spinner. getSelectedItem()获取当前选择项的值。

③ Toast. makeText(getApplicationContext(), sInfo, Toast. LENGTH_SHORT). show()用以显示选择项的提示信息:例如山东省。

效果如图 4 - 13 所示。

图 4 - 13

4.4 图像按钮 ImageButton

ImageButton 是带有图标的按钮,它的类层次关系如下:

```
java.lang.Object
    android.view.View
        android.widget.ImageView
            android.widget.ImageButton
```

4.4.1 ImageButton 类常用的方法

方法	功能描述	返回值
ImageButton	构造函数	null
setAdjustViewBounds	设置是否保持高宽比，需要与 maxWidth 和 maxHeight 结合起来一起使用	Boolean
getDrawable	获取 Drawable 对象，获取成功返回 Drawable，否则返回 null	Drawable
getScaleType	获取视图的填充方式	ScaleType
setScaleType	设置视图的填充方式，包括矩阵、拉伸等七种填充方式	void
setAlpha	设置图片的透明度	void
setMaxHeight	设置按钮的最大高度	void
setMaxWidth	设置按钮的最大宽度	void
setImageURI	设置图片的地址	void
setImageResource	设置图片资源库	void
setOnTouchListener	设置事件的监听	Boolean
setColorFilter	设置颜色过滤	void

4.4.2 ImageButton 标签的常用属性

属性	描述
android:adjustViewBounds	设置是否保持宽高比，true 或 false
android:cropToPadding	是否截取指定区域用空白代替。单独设置无效，需要与 scrollY 一起使用。True 或者 false
android:maxHeight	设置图片按钮的最大高度
android:maxWidth	设置图片的最大宽度
android:scaleType	设置图片的填充方式
android:src	设置图片按钮的 drawable
android:tint	设置图片为渲染颜色

【程序 4-4】 在 Android 应用中，默认的 Button 按钮尽管我们可以通过样式变成圆角，但有时感觉仍然不够美观，我们可以通过采用图像按钮 ImageButton 改善这种现状，今天我们就一起学习一下图像按钮的使用，如图 4-14 所示。

第四章 Android 基本控件

图 4-14

一、设计界面

步骤一　首先把 button. png 图片复制到 res/drawable-hdpi 文件夹内,如图 4-15 所示。

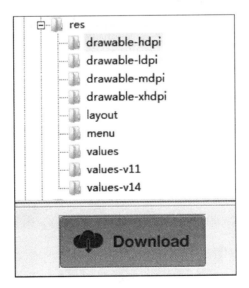

图 4-15

步骤二　打开"res/layout/activity_main. xml"文件,生成 ImageButton 按钮。

（1）从工具栏向 activity 拖出 1 个图像按钮 ImageButton。该控件来自 Image&Media,如图 4-16 所示。

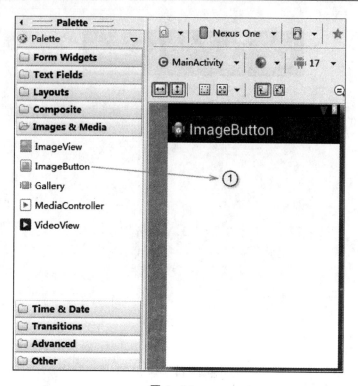

图 4-16

(2) 弹出资源选择器 Resource Chooser 窗口。

选择 download,然后单击 OK 按钮,如图 4-17 所示。

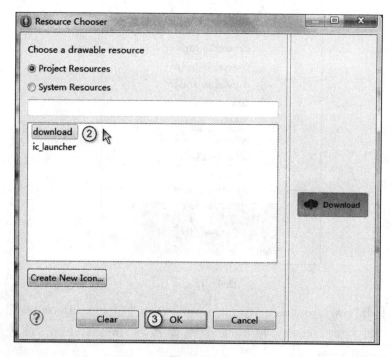

图 4-17

第四章 Android 基本控件

（3）生成的"Download"图片按钮如图 4-18 所示。

注意：按钮外边有一圈灰色的边框，我们可以通过 android:padding="0dp"去掉边框。

图 4-18

步骤三　打开 activity_main.xml 文件。

我们把自动生成的代码修改成如下代码，具体为：

（1）ImageButton 的 id 修改为 download；

（2）设置 android:padding="0dp"，按钮灰色边框去掉。

```
<ImageButton
    android:id="@+id/download"          ①
    android:layout_width="wrap_content"
    android:layout_height="wrap_content"
    android:layout_alignParentLeft="true"
    android:layout_alignParentTop="true"
    android:layout_marginLeft="47dp"
    android:layout_marginTop="58dp"
    android:padding="0dp"               ②
    android:src="@drawable/download" />
```

步骤四　界面如图 4-19 所示。

图 4-19

二、单击事件

打开"src/com. genwoxue. ImageButton/MainActivity. java"文件。

然后输入以下代码：

```java
package com.genwoxue.imagebutton;

import android.os.Bundle;
import android.app.Activity;
import android.widget.ImageButton;                                ①
import android.widget.Toast;
import android.view.View;
import android.view.View.OnClickListener;

public class MainActivity extends Activity {
    private ImageButton ibtnDownload=null;                        ②
    @Override
    protected void onCreate(Bundle savedInstanceState) {
        super.onCreate(savedInstanceState);
        setContentView(R.layout.activity_main);
        ibtnDownload=(ImageButton)super.findViewById(R.id.download);  ③
        ibtnDownload.setOnClickListener(new DownloadOnClickListener());
    }
    private class DownloadOnClickListener implements OnClickListener{
        public void onClick(View view){                           ④
            Toast.makeText(getApplicationContext(),"图像按钮应用：",Toast.LENGTH_LONG).show();
        }
    }
}
```

在以上代码中,我们着重分析一下带有背景部分。

(1) 第①部分：导入与 ImageButton 相关的包。

(2) 第②部分：声明 ImageButton 控件变量。

(3) 第③部分：① findViewById()方法完成 ImageButton 控件的捕获。

② "Download" 按钮添加单击监听事件：ibtnDownload. setOnClickListener（new DownloadOnClickListener()）。

(4) 第 ④ 部分：① 我们新建一个类 DownloadOnClickListener 继承接口 OnClickListener 用以实现单击事件监听。

② Toast. makeText(getApplicationContext(),"图像按钮应用",Toast. LENGTH_SHORT). show()表示单击图像按钮的提示信息。

效果如图 4-20 所示。

图 4-20

4.5 图像 ImageView

ImageView 控件负责显示图片,其图片的来源既可以是资源文件的 id,也可以是 Drawable 对象或 Bitmap 对象,还可以是 Content Provider 的 URI。

4.5.1 ImageView 常用的方法

方　法	功能描述	返回值
setAlpha(int alpha)	设置 ImageView 的透明度	void
setImageBitmap(Bitmap bm)	设置 ImageView 所显示的内容为指定的 Bitmap 对象	void
setImageDrawable(Drawable drawable)	设置 ImageView 所显示的内容为指定的 Drawable 对象	void
setImageResource(int resId)	设置 ImageView 所显示的内容为指定 id 的资源	void
setImageURI(Uri　uri)	设置 ImageView 所显示的内容为指定 URL	void
setSelected(boolean selected)	设置 ImageView 的选中状态	void

4.5.2 ImageView 标签的常用属性

属　性	描　述
android:adjustViewBounds	设置是否需要 ImageView 调整自己的边界来保证所显示图片的长宽比例
android:maxHeight	ImageView 的最大高度,可选
android:maxWidth	ImageView 的最大宽度,可选
android:scaleType	控制图片调整或移动来适合 ImageView 的尺寸
android:src	设置 ImageView 要显示的图片

【程序 4-5】 在 Android 应用中,图像是必不可少的。我们可以通过图像 ImageView 来展示,如图 4-21 所示。

图 4-21

一、设计界面

步骤一　首先把 a.jpg、b.jpg、c.jpg、d.jpg、e.jpg、prov.png、next.png 图片复制到 res/drawable-hdpi 文件夹内,如图 4-22 所示。

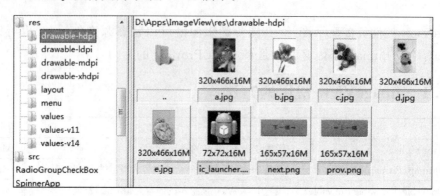

图 4-22

步骤二　打开"res/layout/activity_main.xml"文件,生成 ImageButton 按钮。

(1) 从工具栏向 activity 拖出 1 个图像 ImageView、2 个图像按钮 ImageButton。该控件来自 Image&Media,如图 4-23 所示。

图 4-23

步骤三　打开 activity_main.xml 文件。
我们把自动生成的代码修改成如下代码,具体为:
(1) ImageView 的 id 修改为 picture。

(2) "上一幅"按钮 ImageButton 的 id 修改为 prov。
(3) 设置 android:padding="0dp",按钮灰色边框去掉。
(4) "下一幅"按钮 ImageButton 的 id 修改为 next。
(5) 设置 android:padding="0dp",按钮灰色边框去掉。

步骤四　界面如图 4-24 所示。

图 4-24

二、单击事件

打开"src/com. genwoxue. ImageView/MainActivity. java"文件。

然后输入以下代码：

```java
package com.genwoxue.imageview;

import android.os.Bundle;
import android.app.Activity;
import android.widget.ImageButton;                                    ①
import android.widget.ImageView;
import android.view.View;
import android.view.View.OnClickListener;
public class MainActivity extends Activity {
    private ImageView ivwPicture=null;
    private ImageButton ibtnProv=null;                                ②
    private ImageButton ibtnNext=null;

    private Integer[] iImages = {R.drawable.a,R.drawable.b,R.drawable.c,R.drawable.d,R.drawable.e};   ③

    @Override
    protected void onCreate(Bundle savedInstanceState) {
        super.onCreate(savedInstanceState);
        setContentView(R.layout.activity_main);
        ivwPicture=(ImageView)super.findViewById(R.id.picture);
        ibtnProv=(ImageButton)super.findViewById(R.id.prov);           ④
        ibtnNext=(ImageButton)super.findViewById(R.id.next);
        ibtnProv.setOnClickListener(new ProvOnClickListener());
        ibtnNext.setOnClickListener(new NextOnClickListener());
    }
    private class ProvOnClickListener  implements OnClickListener{
        private int i=5;
        public void onClick(View view){
            if(i > 0){
                ivwPicture.setImageResource(iImages[--i]);
            }
            else if(i == 0){                                           ⑤
                i =5;
                ivwPicture.setImageResource(iImages[4]);
            }
        }
    }

    private class NextOnClickListener implements OnClickListener{
        private int i=0;
        public void onClick(View view){
            if(i < 5)
                ivwPicture.setImageResource(iImages[i++]);
            else if(i == 5){                                           ⑥
                i = 0;
                ivwPicture.setImageResource(iImages[0]);
            }
        }
    }
}
```

在以上代码中，我们着重分析一下带有背景部分。

（1）第①部分：导入与 ImageView、ImageButton 相关的包。

（2）第②部分：声明 ImageView、ImageButton 控件变量。

（3）第③部分：声明整型数组 iImages 用于存储图片资源。

（4）第④部分：① findViewById()方法完成 ImageView、ImageButton 控件的捕获。

② "上一幅"、"下一幅"按钮添加单击监听事件：ibtnProv. setOnClickListener(new ProvOnClickListener())、ibtnNext. setOnClickListener(new NextOnClickListener())。

（5）第⑤部分：① 我们新建一个类 ProvOnClickListener 继承接口 OnClickListener 用以实现单击事件监听。

② 单击按钮能够显示上一幅图片，如果到头了，则重置到最后一幅。

（6）第⑥部分：① 我们新建一个类 NextOnClickListener 继承接口 OnClickListener 用以实现单击事件监听。

② 单击按钮能够显示下一幅图片，如果到头了，则重置到第一幅。

效果如图 4-25 所示。

图 4-25

4.6 日期 DatePicker 与时间 TimePicker 控件

【程序 4-6】 在 Android 应用中,设置日期和时间也是经常遇见的,下面我们一起学习 Android 中的基本控件:(1) 日期选择控件 DatePicker;(2) 时间选择控件 TimePicker,如图 4-26 所示。

图 4-26

一、设计登录窗口

步骤一 打开"res/layout/activity_main.xml"文件。分别从工具栏向 activity 拖出 1 个日期选择控件 DatePicker、1 个时间选择控件 TimePicker、1 个按钮 Button。控件来自 Time&Date、Form Widgets，如图 4-27 所示。

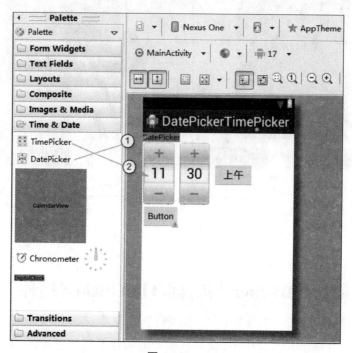

图 4-27

步骤二 打开 activity_main.xml 文件。

我们把自动生成的代码修改成如下代码，具体为：

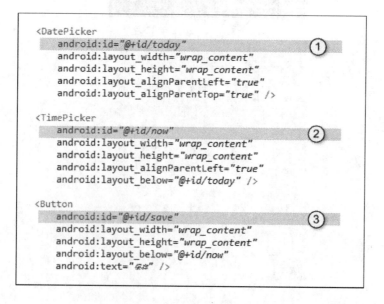

(1) DatePicker 的 id 修改为 tody。

(2) TimePicker 的 id 修改为 now；

(3) Button 的 id 修改为 save，其文本修改为"保存"。

步骤三　界面如图 4-28 所示。

图 4-28

二、单击事件

打开"src/com. genwoxue. datepickertimepicker/MainActivity. java"文件。然后输入以下代码：

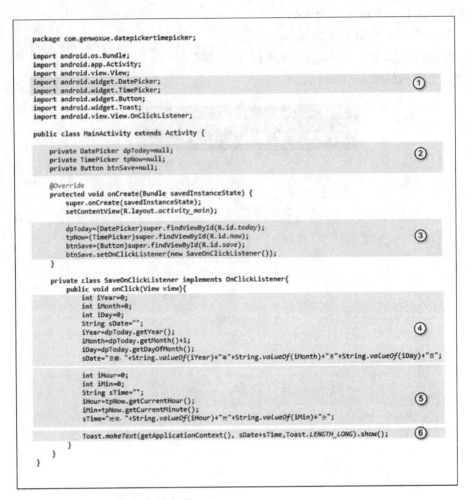

我们着重分析一下带有背景部分。

（1）第①部分：导入与 DatePicker 与 TimePicker 相关的 2 个包。

（2）第②部分：声明 3 个控件变量。

（3）第③部分：① findViewById()方法完成 3 个控件的捕获。

② "保存"按钮添加单击监听事件：btnSave. setOnClickListener（new SaveOnClickListener()）。

（4）第④部分：getYear()、getMonth()、getDayOfMonth()方法获取年、月、日。

（5）第⑤部分：getCurrentHour()、getCurrentMinute()方法获取时、分。

（6）第⑥部分：使用 Toast 显示日期 DatePicker、时间 TimePicker 控件选择的日期与时间。

效果如图 4-29 所示。

第四章　Android 基本控件

图 4-29

三、附代码

1. activity_main.xml 源码

```xml
<RelativeLayout xmlns:android = "http://schemas.android.com/apk/res/android"
    xmlns:tools = "http://schemas.android.com/tools"
    android:layout_width = "match_parent"
    android:layout_height = "match_parent"
    tools:context = ".MainActivity" >

    <DatePicker
        android:id = "@+id/today"
        android:layout_width = "wrap_content"
        android:layout_height = "wrap_content"
        android:layout_alignParentLeft = "true"
        android:layout_alignParentTop = "true" />
```

```xml
<TimePicker
    android:id = "@+id/now"
    android:layout_width = "wrap_content"
    android:layout_height = "wrap_content"
    android:layout_alignParentLeft = "true"
    android:layout_below = "@+id/today" />

<Button
    android:id = "@+id/save"
    android:layout_width = "wrap_content"
    android:layout_height = "wrap_content"
    android:layout_below = "@+id/now"
    android:text = "保存" />

</RelativeLayout>
```

2. MainActivity.java 源码

```java
package com.genwoxue.datepickertimepicker;

import android.os.Bundle;
import android.app.Activity;
import android.view.View;
import android.widget.DatePicker;
import android.widget.TimePicker;
import android.widget.Button;
import android.widget.Toast;
import android.view.View.OnClickListener;

public class MainActivity extends Activity {

    private DatePicker dpToday = null;
    private TimePicker tpNow = null;
    private Button btnSave = null;

    @Override
    protected void onCreate(Bundle savedInstanceState) {
        super.onCreate(savedInstanceState);
```

```
        setContentView(R.layout.activity_main);

        dpToday = (DatePicker)super.findViewById(R.id.today);
        tpNow = (TimePicker)super.findViewById(R.id.now);
        btnSave = (Button)super.findViewById(R.id.save);
        btnSave.setOnClickListener(new SaveOnClickListener());
    }

    private class SaveOnClickListener implements OnClickListener{
        public void onClick(View view){
            int iYear = 0;
            int iMonth = 0;
            int iDay = 0;
            String sDate = "";
            iYear = dpToday.getYear();
            iMonth = dpToday.getMonth() + 1;
            iDay = dpToday.getDayOfMonth();
            sDate = "日期:" + String.valueOf(iYear) + "年" + String.valueOf(iMonth) + "月"
+ String.valueOf(iDay) + "日";

            int iHour = 0;
            int iMin = 0;
            String sTime = "";
            iHour = tpNow.getCurrentHour();
            iMin = tpNow.getCurrentMinute();
            sTime = "时间:" + String.valueOf(iHour) + "时" + String.valueOf(iMin) + "分";

            Toast.makeText(getApplicationContext(), sDate + sTime,
        Toast.LENGTH_LONG).show();
        }
    }
}
```

4.7 模拟浏览器界面综合开发实例

模拟浏览器界面如图 4-30 所示,程序的工程结构和源代码,请登录出版社网站

http://www.njupco.com/college/software/883.html下载。

图 4-30

本章小结

本章首先对 Android 程序的 UI 界面设计进行了详细讲解,读者需要重点掌握如何使用 XML 布局文件控制 UI 界面;然后重点讲解了 Android 程序开发付经常用到的 4 类组件及其使用,按钮类组件、选择类组件、列表类组件和图像类组件这 4 类组件是开发 Android 程序时最基本、同时也是最重要的内容,所以在学习本章内容时,一定要熟练掌握本章所讲解的各类组件,并能够将它们应用到实际开发中。

习题及上机题

问答题

1. 简述 Android 程序的组成要素。
2. Android 程序主要有几大组件?
3. 如果要在 Android 程序中实现数据共享,需要使用哪个组件?
4. 如果要在 Android 程序中定义服务,需要使用哪个组件?

上机题

1. 创建一个 Android 应用程序,尝试在其图标文件夹中添加图片。
2. 创建一个 Android 应用程序,并在其中添加一个广播接收器。

第五章 Android 常见布局

在 Android 程序中,每个控件在容器中都有一个具体的位置和大小,在容器中摆放各种控件时,很难判断其具体位置和大小,而布局管理器提供了在 Android 程序中安排展示控件的方法。通过使用布局管理器,开发人员可以很方便地在容器中控制组件的位置和大小,以便有效地管理整个窗体的布局。Android 中主要提供了线性布局、相对布局、框架布局、表格布局和网络布局 5 种管理器,本章将分别对它们进行详细讲解。

5.1 LinearLayout 线性布局

从 Hello world! 开始,我们一直都是在一种布局下学习的,当然,对于基础内容的学习,还是没有任何问题的!

在 Android 开发中 UI 设计也是十分重要的,当用户使用一个 App 时,最先感受到的不是这款软件的功能是否强大,而是界面设计是否赏心悦目,用户体验是否良好。也可以这样说,有一个好的界面设计去吸引用户的使用,才能让更多的用户体验到软件功能的强大。那么,Android 中几种常用布局则显得至关重要。各个布局既可以单独使用,也可以嵌套使用,我们应该在实际应用中应灵活变通。

LinearLayout 是一种线型的布局方式。LinearLayout 布局容器内的组件一个挨着一个地排列起来:不仅可以控制个组件横向排列,也可控制各组件纵向排列。通过 orientation 属性设置线性排列的方向是垂直(vertical)还是纵向(horizontal)。

LinearLayout 按照垂直或者水平的顺序依次排列子元素,每一个子元素都位于前一个元素之后。如果是垂直排列,那么将是一个 N 行单列的结构,每一行只会有一个元素,而不论这个元素的宽度为多少;如果是水平排列,那么将是一个单行 N 列的结构。如果搭建两行两列的结构,通常的方式是先垂直排列两个元素,每一个元素里再包含一个 LinearLayout 进行水平排列。

5.1.1 LinearLayout 常用属性及对应方法

属性名称	对应方法	描述
android:orientation	setOrientation(int)	设置线性布局的朝向,可取 horizontal,和 vertical 两种排列方式
android:gravity	setGravity(int)	设置线性布局的内部元素的布局方式

我们下面通过 XML 布局和 Java 代码布局两种方式分别举例。

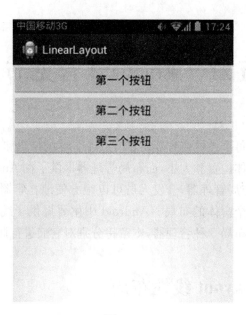

图 5-1

一、XML 方式布局

步骤一 创建一个空白 Activity，如图 5-2 所示。

图 5-2

步骤二　打开"res/layout/activity_main.xml"文件，修改成以下代码。

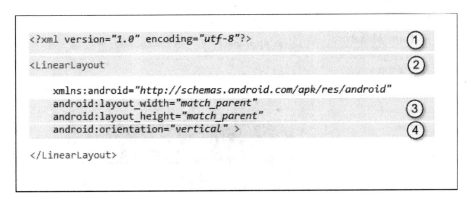

(1) 第①部分

<? xml version="1.0" encoding="utf-8">,每个XML文档都由XML序言开始，在前面的代码中的第一行便是XML序言，<? xml version="1.0">。这行代码表示按照1.0版本的XML规则进行解析。encoding="utf-8"表示此xml文件采用utf-8的编码格式。编码格式也可以是GB2312。

如果你对此不太明白，请参阅相关XML文档。

(2) 第②部分

<LinearLayout>表示采用线型布局管理器。

(3) 第③部分

android:layout_width="match_parent"　　android:layout_height="match_parent"表示布局管理器宽度和高充将填充整个屏幕宽度和高度。

(4) 第④部分

android:orientation="vertical"表示布局管理器内组件采用垂直方向排列。

如果要采用水平方向请使用：horizontal。

步骤三　插入三个按钮，如图5-3所示。

图 5-3

步骤四 打开"res/layout/activity_main.xml"文件,修改成以下代码。

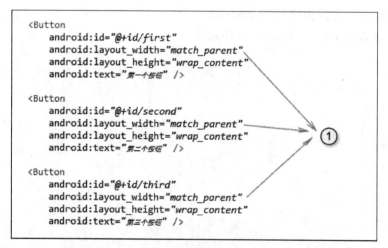

将 3 个按钮的 android:layout_width 的属性设为:"match_parent"。
该属性可以有三个值:wrap_content、match_parent、fill_parent。
wrap_content 表示宽度匹配内容,简单地说就是文字有多长按钮就多长。

match_parent 表示宽度匹配父内容,按钮外的容器有多宽就显示多宽。
fill_parent 与 match_parent 相同,android2.2 以后就不推荐使用了。
最终显示效果如图 5-4 所示。

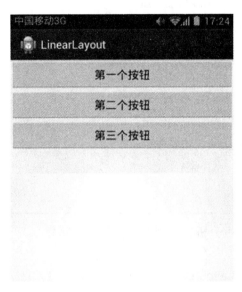

图 5-4

二、Java 代码方式布局

上面我们已经了解采用 XML 进行 LinearLayout 布局,我们现在再来学习一下如何使用 Java 代码完成与之同样功能。

步骤一 打开"src/com.genwoxue.LinearLayout/MainActivity.java"文件。
然后输入以下代码:

```
package com.genwoxue.linearlayout;

import android.os.Bundle;
import android.app.Activity;
import android.widget.Button;
import android.widget.LinearLayout;
import android.widget.LinearLayout.LayoutParams;                        ①

public class MainActivity extends Activity {
    @Override
    protected void onCreate(Bundle savedInstanceState) {
        super.onCreate(savedInstanceState);

        LinearLayout llLayout=new LinearLayout(this);
        LayoutParams lpPara=new LayoutParams(
                LayoutParams.MATCH_PARENT,                              ②
                LayoutParams.MATCH_PARENT);
        llLayout.setOrientation(LinearLayout.VERTICAL);

        LayoutParams btnPara=new LayoutParams(
                LayoutParams.MATCH_PARENT,                              ③
                LayoutParams.WRAP_CONTENT);
```

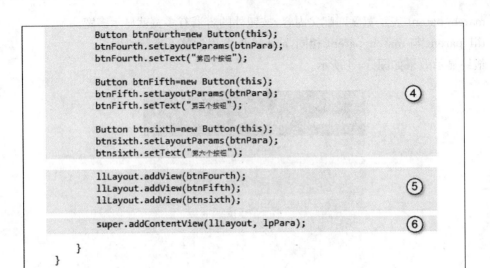

在以上代码中,我们着重分析一下带有浅蓝色背景部分。

(1) 第①部分

导入与 LinearLayout、LayoutParams、Button 相关的包。

(2) 第②部分

创建线性布局管理器,并且设置布局管理宽度和高度与方向。

LinearLayout llLayout＝new LinearLayout(this):创建线性布局管理器；

LayoutParams lpPara＝new LayoutParams(LayoutParams. MATCH_PARENT,LayoutParams. MATCH_PARENT):创建布局参数,构造函数设置宽度与高度。用于设置线性布局管理器宽度与高度。

Layout. setOrientation(LinearLayout. VERTICAL):设置布局管理器为垂直方向。

(3) 第③部分

LayoutParams btnPara＝new LayoutParams(LayoutParams. MATCH_PARENT,LayoutParams. WRAP_CONTENT):创建布局参数,构造函数设置宽度与高度。用于设置三个按钮宽度与高度。

(4) 第④部分

创建 3 个按钮:btnFourth、btnFifth、btnSixth,设置其文本与布局参数。

(5) 第⑤部分

为线性布局管理器添加 3 个按钮。

(6) 第⑥部分

super. addContentView(llLayout, lpPara):为当前 activity 添加布局管理器以及布局管理器的参数对象。

步骤二   显示效果如图 5-5 所示。

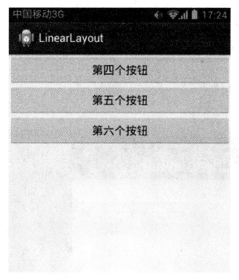

图 5-5

5.2 RelativeLayout 相对布局

RelativeLayout 是 Android 五大布局结构中最灵活的一种布局结构,比较适合一些复杂界面的布局。RelativeLayout 按照各子元素之间的位置关系完成布局。在此布局中的子元素里与位置相关的属性将生效。例如 android:layout_below,android:layout_above 等。子元素就通过这些属性和各自的 ID 配合指定位置关系。注意在指定位置关系时,引用的 ID 必须在引用之前,先被定义,否则将出现异常,如图 5-6 所示。

RelativeLayout 是一种相对布局,控件的位置是按照相对位置来计算的,后一个控件在什么位置依赖于前一个控件的基本位置,是布局最常用,也是最灵活的一种布局。

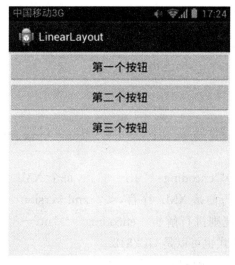

图 5-6

一、XML 方式布局

步骤一 创建一个空白 Activity,如图 5-7 所示。

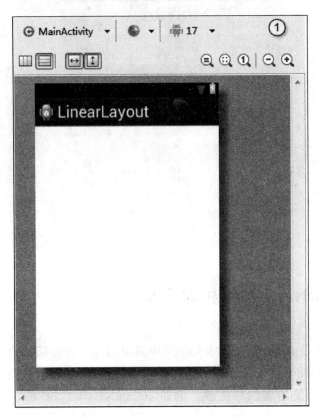

图 5-7

步骤二 打开"res/layout/activity_main.xml"文件,修改成以下代码。

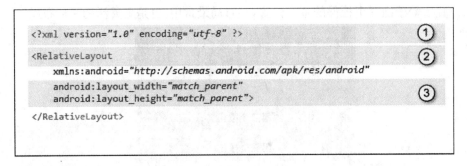

(1) 第①部分

<? xml version="1.0" encoding="utf-8">,每个 XML 文档都由 XML 序言开始,在前面的代码中的第一行便是 XML 序言,<? xml version="1.0">。这行代码表示按照 1.0 版本的 XML 规则进行解析。encoding = "utf-8"表示此 xml 文件采用 utf-8 的编码格式。编码格式也可以是 GB2312。

如果你对此不太明白,请参阅相关 XML 文档。

(2) 第②部分

<RelativeLayout> 表示采用相对布局管理器。

(3) 第③部分

android:layout_width="match_parent" android:layout_height="match_parent"表示布局管理器宽度和高充将填充整个屏幕宽度和高度。

步骤三 插入三个按钮。

插入三个按钮,并分别设置其文本为:"第一个按钮"、"第二个按钮"、"第三个按钮",如图 5-8 所示。

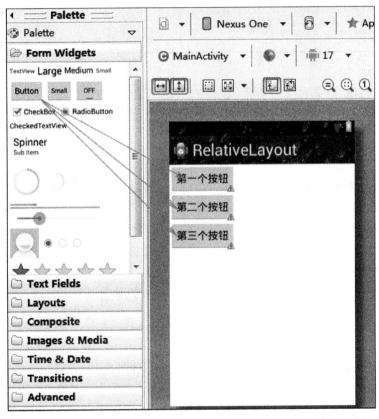

图 5-8

我们下一步设置第一个按钮距离左边、上边各 20 dp,第二个按钮距离第一个按钮左边、上边各 10 dp;第三个按钮距离第二个按钮上边 10 dp,与第二个按钮左边对齐。

步骤四 打开"res/layout/activity_main.xml"文件,修改成以下代码。

```
<Button
    android:id="@+id/button1"
    android:layout_width="wrap_content"
    android:layout_height="wrap_content"
    android:layout_alignParentLeft="true"
    android:layout_alignParentTop="true"
    android:layout_marginLeft="20dp"
    android:layout_marginTop="20dp"
    android:text="第一个按钮" />
```
①

```
<Button
    android:id="@+id/button2"
    android:layout_width="wrap_content"
    android:layout_height="wrap_content"
    android:layout_below="@+id/button1"
    android:layout_marginTop="15dp"
    android:layout_toRightOf="@+id/button1"
    android:text="第二个按钮" />                ②

<Button
    android:id="@+id/button3"
    android:layout_width="wrap_content"
    android:layout_height="wrap_content"
    android:layout_below="@+id/button2"
    android:layout_toLeftOf="@+id/button2"
    android:layout_marginTop="15dp"
    android:text="第三个按钮" />                ③
```

(1) 第①部分

设置第一个按钮，以父元素为基准，贴紧左上，距离 20 dp。

```
TextCopy to clipboardPrint
<Button
    android:id = "@ + id /button1"
    android:layout_width = "wrap_content"        //宽度匹配内容
    android:layout_height = "wrap_content"       //高度匹配内容
    android:layout_alignParentLeft = "true"      //贴紧父元素左边
    android:layout_alignParentTop = "true"       //贴紧父元素上边
    android:layout_marginLeft = "20dp"           //设置左间距 20dp
    android:layout_marginTop = "20dp"            //设置上间距 20dp
    android:text = "第一个按钮" />
```

(2) 第②部分

设置第二个按钮，以第一个按钮为基准，在第一个按钮下面，对齐第一个按钮的右边，上距离 15 dp。

```
TextCopy to clipboardPrint
<Button
    android:id = "@ + id /button2"
    android:layout_width = "wrap_content"   //宽度匹配内容
    android:layout_height = "wrap_content"  //高度匹配内容
    android:layout_below = "@ + id /button1"   //位置在第一个按钮的下面
    android:layout_toRightOf = "@ + id /button1"  //与第一个按钮的右边对齐
    android:layout_marginTop = "15dp"  //设置上间距 15dp
    android:text = "第二个按钮" />
```

第五章 Android 常见布局

(3) 第③部分

设置第三个按钮,以第二个按钮为基准,在第二个按钮下面,对齐第二个按钮的左边,距离 15 dp。

```
TextCopy to clipboardPrint
<Button
    android:id = "@ + id/button3"
    android:layout_width = "wrap_content" // 宽度匹配内容
    android:layout_height = "wrap_content" // 高度匹配内容
    android:layout_below = "@ + id/button2" // 位置在第二个按钮的下面
    android:layout_toLeftOf = "@ + id/button2" // 与第二个按钮的左边对齐
    android:layout_marginTop = "15dp" // 设置上间距 15dp
    android:text = "第三个按钮" />
```

最终显示效果如图 5-9 所示。

图 5-9

附:相对布局常用属性介绍

这里将这些属性分成组,便于理解和记忆。

(1) 第一类:属性值为 true 或 false
android:layout_centerHrizontal 水平居中
android:layout_centerVertical 垂直居中

android:layout_centerInparent 相对于父元素完全居中
android:layout_alignParentBottom 贴紧父元素的下边缘
android:layout_alignParentLeft 贴紧父元素的左边缘
android:layout_alignParentRight 贴紧父元素的右边缘
android:layout_alignParentTop 贴紧父元素的上边缘
（2）第二类：属性值必须为 id 的引用名"@id/id-name"
android:layout_below 在某元素的下方
android:layout_above 在某元素的上方
android:layout_toLeftOf 在某元素的左边
android:layout_toRightOf 在某元素的右边
android:layout_alignTop 本元素的上边缘和某元素的上边缘对齐
android:layout_alignLeft 本元素的左边缘和某元素的左边缘对齐
android:layout_alignBottom 本元素的下边缘和某元素的下边缘对齐
android:layout_alignRight 本元素的右边缘和某元素的右边缘对齐
（3）第三类：属性值为具体的像素值，如 30dip，40px
android:layout_marginBottom 离某元素底边缘的距离
android:layout_marginLeft 离某元素左边缘的距离
android:layout_marginRight 离某元素右边缘的距离
android:layout_marginTop 离某元素上边缘的距离
可以通过组合这些属性来实现各种各样的布局。

5.3 FrameLayout 框架布局

FrameLayout 对象好比一块在屏幕上提前预定好的空白区域，可以将一些元素填充在里面，如图片。所有元素都被放置在 FrameLayout 区域的最左上区域，而且无法为这些元素制指定一个确切的位置，若有多个元素，那么后面的元素会重叠显示在前一个元素上。

Framelayout 是五大布局中最简单的一个布局，在这个布局中，整个界面被当成一块空白备用区域，所有的子元素都不能被指定放置的位置，它们统统放于这块区域的左上角，并且后面的子元素直接覆盖在前面的子元素之上，将前面的子元素部分和全部遮挡。

5.3.1 FrameLayout 常用属性及对应方法

属性名称	对应方法	描述
android:foreground	setForeground(Drawable)	设置绘制在所有子控件之上的内容
android:foregroundGravity	android:ForegroundGravity(int)	设置绘制在所有子控件之上内容的 gravity 属性

第五章　Android 常见布局

一、XML 方式布局

步骤一　首先把 a.jpg 图片复制到 res/drawable-hdpi 文件夹内,如图 5-10 所示。

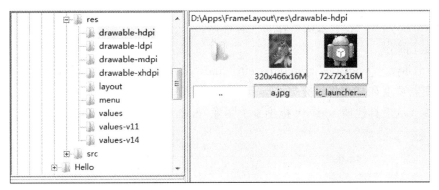

图 5-10

步骤二　创建一个空白 Activity,如图 5-11 所示。

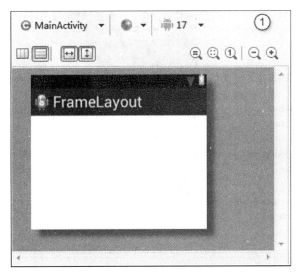

图 5-11

步骤三　打开"res/layout/activity_main.xml"文件,修改成以下代码。

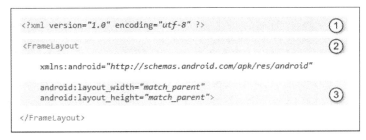

(1) 第①部分

<? xml version="1.0" encoding="utf-8">,每个 XML 文档都由 XML 序言开始,在前面的代码中的第一行便是 XML 序言,<? xml version="1.0">。这行代码表

示按照 1.0 版本的 XML 规则进行解析。encoding＝"utf－8"表示此 xml 文件采用 utf－8的编码格式。编码格式也可以是 GB2312。

（2）第②部分

＜LinearLayout＞表示采用单帧布局管理器。

（3）第③部分

android:layout_width="match_parent" android:layout_height="match_parent"表示布局管理器宽度和高充将填充整个屏幕宽度和高度。

步骤四　从工具栏向 activity 拖出 1 个图像 ImageView、1 个按钮 Button，如图 5－12 所示。

图 5－12

步骤五　打开"res/layout/activity_main.xml"文件。

```
<ImageView
    android:id="@+id/imageView1"
    android:layout_width="wrap_content"
    android:layout_height="wrap_content"
    android:src="@drawable/a" />

<Button
    android:id="@+id/button1"
    android:layout_width="wrap_content"
    android:layout_height="wrap_content"
    android:text="Button" />
```

(1) 第①部分

ID 为 imageView1 的图像 ImageView 显示一幅图片。

(2) 第②部分

ID 为 button1 的按钮 Button 显示一个按钮。

由于是单帧 FrameLayout 布局,这两个控件不能够进行任何布局,只能以左上角为基准,重叠摆放。

步骤六　最终显示效果如图 5-13 所示。

图 5-13

5.4　TableLayout 表格布局

TableLayout 是指将子元素的位置分配到行或列中。Android 的一个 TableLayout 有许多 TableRow 组成,每一个 TableRow 都会定义一个 Row。TableLayout 容器不会显示 Row、Column,及 Cell 的边框线,每个 Row 拥有 0 个或多个 Cell,每个 Cell 拥有一个 View 对象。

此布局为表格布局,适用于 N 行 N 列的布局格式。一个 TableLayout 由许多 TableRow 组成,一个 TableRow 就代表 TableLayout 中的一行。

TableRow 是 LinearLayout 的子类,它的 android:orientation 属性值恒为 horizontal,并且它的 android:layout_width 和 android:layout_height 属性值恒为 MATCH_PARENT 和 WRAP_CONTENT。所以它的子元素都是横向排列,并且宽高一致的。这样的设计使得每个 TableRow 里的子元素都相当于表格中的单元格一样。在 TableRow 中,单元格可以为空,但是不能跨列。

在表格布局中,一个列的宽度由该列中最宽的那个单元格指定,而表格的宽度是由父容器指定的。在 TableLayout 中,可以为列设置三种属性。

Shrinkable,如果一个列被标识为 shrinkable,则该列的宽度可以进行收缩,以使表格能够适应其父容器的大小。

Stretchable,如果一个列被标识为 stretchable,则该列的宽度可以进行拉伸,以使填满表格中空闲的空间。

Collapsed,如果一个列被标识为 collapsed,则该列将会被隐藏。

注意:一个列可以同时具有 Shrinkable 和 Stretchable 属性,在这种情况下,该列的宽度将任意拉伸或收缩以适应父容器。

5.4.1 TableLayout 类常用属性及对应方法

属性名称	对应方法	描 述
android:collapseColumns	setColumnsCollapsed(int,boolean)	设定指定列号的列为 Collapsed,列号从 0 开始计算
android:shrinkColumns	setShrinkAllColumns(boolean)	设定指定列号的列为 Shrinkable,列号从 0 开始计算
android:stretchColumns	setStretchAllColumns(boolean)	设定指定列号的列为 Stretchable,列号从 0 开始计算

一、XML 方式布局

步骤一　创建一个空白 Activity,如图 5-14 所示。

图 5-14

步骤二 打开"res/layout/activity_main.xml"文件,修改成以下代码。

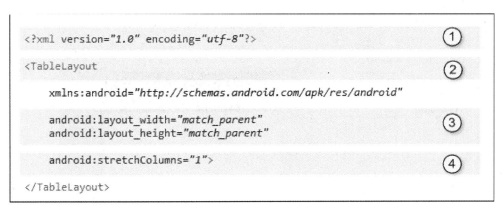

(1) 第①部分

＜? xml version="1.0" encoding="utf-8" ? ＞,每个 XML 文档都由 XML 序言开始,在前面的代码中的第一行便是 XML 序言,＜? xml version="1.0"＞。这行代码表示按照 1.0 版本的 XML 规则进行解析。encoding = "utf-8"表示此 xml 文件采用 utf-8 的编码格式。编码格式也可以是 GB2312。

(2) 第②部分

＜LinearLayout＞表示采用表格布局管理器。

(3) 第③部分

android:layout_width="match_parent" android:layout_height="match_parent"表示布局管理器宽度和高充将填充整个屏幕宽度和高度。

(4) 第④部分

android:stretchColumns="1"表示表格布局管理器中第 2 列内组件可以扩充到的有可用空间。

步骤三 插入 1 行 TableRow、1 个文本 TextView、1 个 TextEdit,如图 5-15 所示。

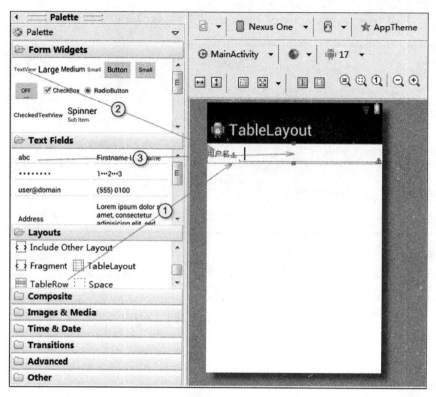

图 5-15

步骤四 打开"res/layout/activity_main.xml"文件,修改成以下代码。

```xml
<TableRow
    android:id="@+id/tableRow1"
    android:layout_width="wrap_content"
    android:layout_height="wrap_content" >       ①

    <TextView
        android:id="@+id/tvUserName"
        android:layout_width="wrap_content"
        android:layout_height="wrap_content"     ②
        android:text="用户名:" />

    <EditText
        android:id="@+id/etUserName"
        android:layout_width="wrap_content"
        android:layout_height="wrap_content"     ③
        android:ems="10" >

        <requestFocus />
    </EditText>

</TableRow>
```

(1) 第①部分

<TableRow></TableRow>代表一行,可以在其中填充控件。

(2) 第②部分

添加一个标签<TextView>。

(3) 第③部分

添加一个编辑框<EditText>。

步骤五　依次再插入 2 行＜TableRow＞、密码标签＜TextView＞、密码编辑框＜EditText＞、2 个按钮 Button：注册、登录。

代码如下：

```xml
<?xml version = "1.0" encoding = "utf-8"?>

<TableLayout
    xmlns:android = "http://schemas.android.com/apk/res/android"
    android:layout_width = "match_parent"
    android:layout_height = "match_parent"
    android:stretchColumns = "1">
    //第一行
    <TableRow
        android:id = "@+id/tableRow1"
        android:layout_width = "wrap_content"
        android:layout_height = "wrap_content" >

        <TextView
            android:id = "@+id/tvUserName"
            android:layout_width = "wrap_content"
            android:layout_height = "wrap_content"
            android:text = "用户名:" />

        <EditText
            android:id = "@+id/etUserName"
            android:layout_width = "wrap_content"
            android:layout_height = "wrap_content"
            android:ems = "10" >

            <requestFocus />
        </EditText>

    </TableRow>
    //第二行
    <TableRow
        android:id = "@+id/tableRow2"
        android:layout_width = "wrap_content"
        android:layout_height = "wrap_content" >
        <TextView
```

```xml
            android:text = "登录密码:"
            android:textStyle = "bold"
            android:gravity = "right"
            android:padding = "3dp" />
        <EditText
            android:id = "@+id/password"
            android:password = "true"
            android:padding = "3dp"
            android:scrollHorizontally = "true" />
    </TableRow>
    //第三行
    <TableRow
        android:id = "@+id/tableRow3"
        android:layout_width = "wrap_content"
        android:layout_height = "wrap_content" >
        <Button
            android:id = "@+id/cancel"
            android:text = "注册" />
        <Button
            android:id = "@+id/login"
            android:text = "登录" />
    </TableRow>
</TableLayout>
```

步骤六 最终显示效果如图 5-16 所示。

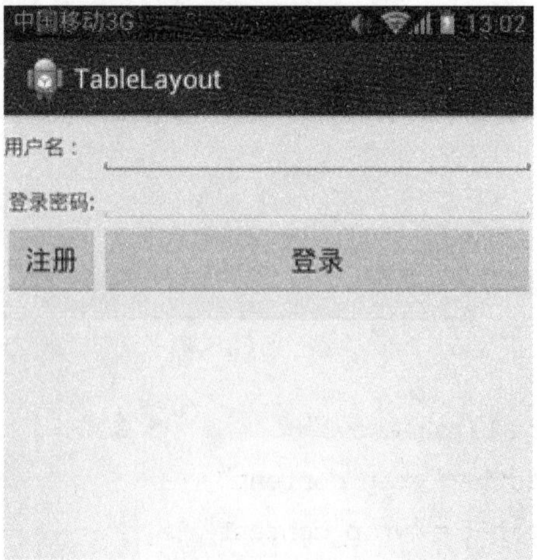

图 5-16

附:表格布局常见属性介绍

(1) TableLayout 行列数的确定

TableLayout 的行数由开发人员直接指定,即有多少个 TableRow 对象(或 View 控件),就有多少行。

TableLayout 的列数等于含有最多子控件的 TableRow 的列数。如第一 TableRow 含 2 个子控件,第二个 TableRow 含 3 个,第三个 TableRow 含 4 个,那么该 TableLayout 的列数为 4。

(2) TableLayout 可设置的属性详解

TableLayout 可设置的属性包括全局属性及单元格属性。

a) 全局属性也即列属性,有以下 3 个参数:

android:stretchColumns   设置可伸展的列。该列可以向行方向伸展,最多可占据一整行。

android:shrinkColumns   设置可收缩的列。当该列子控件的内容太多,已经挤满所在行,那么该子控件的内容将往列方向显示。

android:collapseColumns 设置要隐藏的列。

示例:

android:stretchColumns="0"   第 0 列可伸展

android:shrinkColumns="1,2"   第 1,2 列皆可收缩

android:collapseColumns="*"   隐藏所有行

说明:列可以同时具备 stretchColumns 及 shrinkColumns 属性,若此,那么当该列的内容 N 多时,将"多行"显示其内容(这里不是真正的多行,而是系统根据需要自动调节该行的 layout_height)。

b) 单元格属性,有以下 2 个参数:

android:layout_column   指定该单元格在第几列显示

android:layout_span   指定该单元格占据的列数(未指定时,为 1)

示例:

android:layout_column="1"   该控件显示在第 1 列

android:layout_span="2"   该控件占据 2 列

说明:一个控件也可以同时具备这两个特性。

5.5 GridLayout 网格布局

Android 4.0 以上版本应用 GridLayout 布局使用虚细线将布局划分为行、列和单元格,也支持一个控件在行、列上都有交错排列。而 GridLayout 使用的其实是跟 LinearLayout 类似的 API,只不过是修改了一下相关的标签而已,所以对于开发者来说,掌握 GridLayout 还是很容易的事情。GridLayout 的布局策略简单分为以下三个部分。

首先它与LinearLayout布局一样，也分为水平和垂直两种方式，默认是水平布局，一个控件挨着一个控件从左到右依次排列，但是通过指定android:columnCount设置列数的属性后，控件会自动换行进行排列。另一方面，对于GridLayout布局中的子控件，默认按照wrap_content的方式设置其显示，这只需要在GridLayout布局中显式声明即可。

其次，若要指定某控件显示在固定的行或列，只需设置该子控件的android:layout_row和android:layout_column属性即可，但是需要注意：android:layout_row="0"表示从第一行开始，android:layout_column="0"表示从第一列开始，这与编程语言中一维数组的赋值情况类似。

最后，如果需要设置某控件跨越多行或多列，只需将该子控件的android:layout_rowSpan或者layout_columnSpan属性设置为数值，再设置其layout_gravity属性为fill即可。前一个设置表明该控件跨越的行数或列数，后一个设置表明该控件填满所跨越的整行或整列。

我们下面通过XML布局（如图5-17）举例：

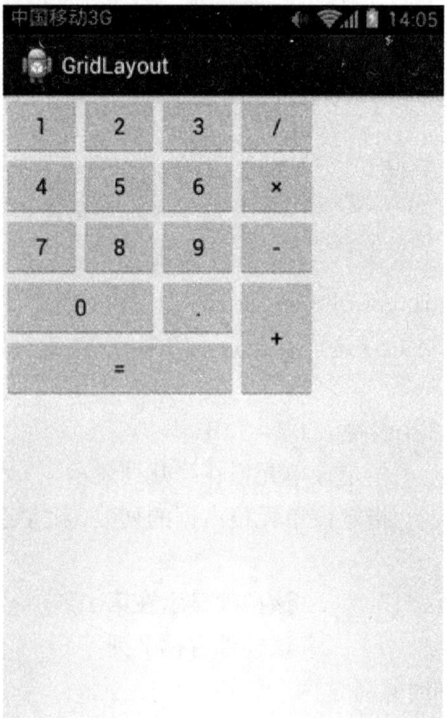

图5-17

步骤一 创建一个空白Activity，如图5-18所示。

图 5-18

步骤二 打开"res/layout/activity_main.xml"文件,修改成以下代码。

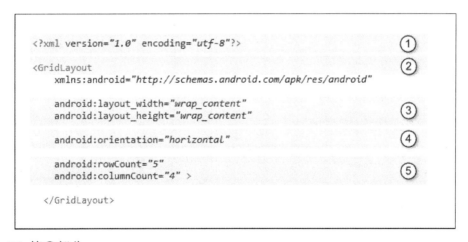

(1) 第①部分

<? xml version="1.0" encoding="utf-8">,每个 XML 文档都由 XML 序言开始,在前面的代码中的第一行便是 XML 序言,<? xml version="1.0">。这行代码表示按照 1.0 版本的 XML 规则进行解析。encoding = "utf-8"表示此 xml 文件采用 utf-8 的编码格式。编码格式也可以是 GB2312。

(2) 第②部分

<GridLayout> 表示采用网格布局管理器。

(3) 第③部分

android:layout_width="match_parent" android:layout_height="match_parent"表示布局管理器宽度和高充将填充整个屏幕宽度和高度。

(4) 第④部分

android:orientation="horizontal"表示采用水平布局，垂直为 vertical。

(5) 第⑤部分

该网格布局管理器采用 5 行 4 列。

步骤三　我们向 GridLayout 放入 16 个按钮 Button，如图 5-19 所示。

图 5-19

步骤四 找不同。

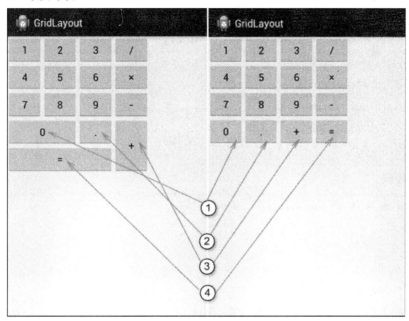

图 5-20

我们对一下图 5-20,找出不同地方。

(1) 第①部分

目标 0 按钮是占据 2 个格;当前 0 按钮占 1 格。

1.　　　＜Button
2.　　　android:id="@+id/zero"
3.　　　android:layout_columnSpan="2"　　　　//列扩展两列
4.　　　android:layout_gravity="fill"　　　　//按钮填充满两格
5.　　　android:text="0"/＞

(2) 第②部分

目标·按钮在第 4 行第 3 列;当前·按钮在第 4 行第 2 列。

解决办法:0 按钮占据 2 格后,·按钮会自动到这个位置。

(3) 第③部分

目标＋按钮在第 4 行第 4 列并且行扩展 2 行;当前·按钮在第 4 行第 3 列。

解决办法:由于 0 按钮占据 2 格后,目标＋会自动到这个位置。

```
<Button
android:id = "@ + id/plus"
android:layout_rowSpan = "2"          //行扩展两行
android:layout_gravity = "fill"       //按钮填充满两格
android:text = " + " />
```

(4) 第④部分

目标＝按钮在第 5 行，占据 3 列位置；当前＝按钮在第 4 行第 4 列。

解决办法：位置由于 0 的扩展后，目前＝按钮会自动到第 5 行；列扩展同 0 按钮。

```
<Button
    android:id = "@+id/equal"
    android:layout_columnSpan = "3"          //列扩展3列
    android:layout_gravity = "fill"           //按钮填充满3格
    android:text = " = " />
```

完整源代码：

```
<?xml version = "1.0" encoding = "utf-8"?>
<GridLayout
    //网络布局管理器
    xmlns:android = "http://schemas.android.com/apk/res/android"
    android:layout_width = "wrap_content"
    android:layout_height = "wrap_content"
    android:orientation = "horizontal"        //水平方向
    android:rowCount = "5"                    //5 行
    android:columnCount = "4" >               //4 列
<?xml version = "1.0" encoding = "utf-8"?>
    //16 个按钮
    <Button
    android:id = "@+id/one"
    android:text = "1" />
    <Button
    android:id = "@+id/two"
    android:text = "2" />
        <Button
    android:id = "@+id/three"
    android:text = "3" />
    <Button
    android:id = "@+id/devide"
    android:text = " / " />
    <Button
    android:id = "@+id/four"
    android:text = "4" />
    <Button
    android:id = "@+id/five"
```

```xml
        android:text = "5" />
    <Button
        android:id = "@+id/six"
        android:text = "6" />
    <Button
        android:id = "@+id/multiply"
        android:text = " × " />
    <Button
        android:id = "@+id/seven"
        android:text = "7" />
    <Button
        android:id = "@+id/eight"
        android:text = "8" />
    <Button
        android:id = "@+id/nine"
        android:text = "9" />
<Button
    android:id = "@+id/minus"
    android:text = " - " />
<Button
    android:id = "@+id/zero"
    android:layout_columnSpan = "2"
    android:layout_gravity = "fill"
    android:text = "0" />
    <Button
        android:id = "@+id/point"
        android:text = "." />
<Button
    android:id = "@+id/plus"
    android:layout_rowSpan = "2"
    android:layout_gravity = "fill"
    android:text = " + " />
<Button
    android:id = "@+id/equal"
    android:layout_columnSpan = "3"
    android:layout_gravity = "fill"
    android:text = " = " />
</GridLayout>
```

步骤六　最终显示效果如图 5-21 所示。

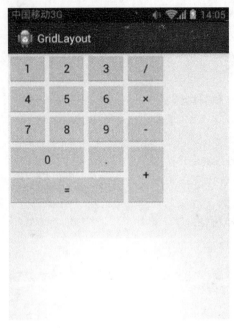

图 5-21

5.6　侧滑模式界面综合开发实例

Android 开发易信界面,实现了首页标题效果,可以用左边的滑动菜单实现,是当前最为流行的侧滑模式。

图 5-22

侧滑模式界面程序的工程结构和源代码,请登录出版社网站 http://www.njupco.com/college/software/883.html 下载。

 本章小结

本章主要对 Android 界面设计时常用的 5 种布局管理器进行了讲解,主要包括线性布局、绝对布局、框架布局、相对布局和表格布局。在这 5 种布局管理器中,绝对布局只需要简单了解即可,而其他 4 种布局管理器在设计 Android 界面时经常用到,所以大家一定要重点掌握。

 习题及上机题

问答题

1. Android 程序中有哪几种常用的布局管理器?
2. 简述绝对布局管理器和相对布局管理器的区别。
3. 为什么要使用表格布局管理器?

上机题

1. 尝试开发一个程序,使用 XML 布局文件向窗体中添加一组居中显示的按钮。
2. 尝试开发一个程序,应用相对布局实现一个用户搜索界面。

第六章　Android 中的事件处理

在前面的章节中介绍了组件的布局，事实上在图形界面（UI）的开发中，有两个非常重要的内容：一个是组件的布局，另一个是事件处理。本章主要对 Android 中几种不同事件处理进行分析。

6.1　基于监听器的事件处理

所有的基于 UI 的应用程序，事件都变得不可或缺！试想一下，如果我们做的程序单击按钮和其他控件都没有反应，那么就如同一个人在这个世界上听不到声音一样！

对于基于监听器的事件处理而言，主要就是为 Android 界面组件绑定特定的事件监听器；对于基于回调的事件处理而言，主要做法是重写 Android 组件特定的回调函数，Android 大部分界面组件都提供了事件响应的回调函数，我们只要重写它们就行。

在监听器模型中，主要涉及三类对象：

(1) 事件源 Event Source：产生事件的来源，通常是各种组件，如按钮，窗口等。

(2) 事件 Event：事件封装了界面组件上发生的特定事件的具体信息，如果监听器需要获取界面组件上所发生事件的相关信息，一般通过事件 Event 对象来传递。

(3) 事件监听器 Event Listener：负责监听事件源发生的事件，并对不同的事件做相应的处理。

一、第一种：内部类作为监听器

将事件监听器类定义成当前类的内部类。

(1) 使用内部类可以在当前类中复用监听器类，因为监听器类是外部类的内部类。

(2) 可以自由访问外部类的所有界面组件，这也是内部类的两个优势。

我们前面的例子全部采用的该种方式！

1. activity_main.xml 界面文件

```
<RelativeLayout xmlns:android = "http://schemas.android.com/apk/res/android"
    xmlns:tools = "http://schemas.android.com/tools"
    android:layout_width = "match_parent"
    android:layout_height = "match_parent"
    tools:context = ".MainActivity" >

    <EditText
```

```xml
    android:id = "@+id/userName"
    android:layout_width = "wrap_content"
    android:layout_height = "wrap_content"
    android:layout_alignParentLeft = "true"
    android:layout_alignParentTop = "true"
    android:layout_marginTop = "34dp"
    android:ems = "10" >

    <requestFocus />
</EditText>

<EditText
    android:id = "@+id/passWord"
    android:layout_width = "wrap_content"
    android:layout_height = "wrap_content"
    android:layout_alignParentLeft = "true"
    android:layout_below = "@+id/userName"
    android:layout_marginTop = "18dp"
    android:ems = "10"
    android:inputType = "textPassword" />
    //定义了一个 ID 为 login 的按钮
<Button
    android:id = "@+id/login"
    android:layout_width = "wrap_content"
    android:layout_height = "wrap_content"
    android:layout_alignRight = "@+id/userName"
    android:layout_below = "@+id/passWord"
    android:layout_marginTop = "36dp"
    android:text = "登录" />

</RelativeLayout>
```

2. MainActivity.java 程序文件

```java
package com.genwoxue.edittextbutton;

import android.os.Bundle;
import android.app.Activity;
```

```java
import android.widget.EditText;
import android.widget.Button;
import android.view.View;
import android.view.View.OnClickListener;
import android.widget.Toast;


public class MainActivity extends Activity {
    private EditText tvUserName = null;
    private EditText tvPassword = null;
    private Button btnLogin = null;

    @Override
    protected void onCreate(Bundle savedInstanceState) {
        super.onCreate(savedInstanceState);
        setContentView(R.layout.activity_main);

        tvUserName = (EditText)super.findViewById(R.id.userName);
        tvPassword = (EditText)super.findViewById(R.id.passWord);
        btnLogin = (Button)super.findViewById(R.id.login);

        //为按钮注册监听事件
        btnLogin.setOnClickListener(new LoginOnClickListener());
    }
        //事件监听器
    private class LoginOnClickListener implements OnClickListener{
        public void onClick(View v){
            String username = tvUserName.getText().toString();
            String password = tvPassword.getText().toString();
            String info = "用户名:" + username + "☆☆☆密码:" + password;
            Toast.makeText(getApplicationContext(), info,
     Toast.LENGTH_SHORT).show();
        }
    }
}
```

第六章　Android 中的事件处理　　　　　　　　　　　　　　　　　　　　　　143

图 6-1

我们这个案例中：单击按钮，显示用户名和密码！

事件：单击事件；

（1）注册监听事件：btnLogin. setOnClickListener(new LoginOnClickListener())；

（2）事件监听器：private class LoginOnClickListener implements OnClickListener，定义 LoginOnClickListener 类，从 OnClickListener 接口实现。

二、第二种：匿名内部类作为事件监听器类

如果事件监听器只是临时使用一次，建议使用匿名内部类形式的事件监听器更合适。

我们仍然以上述例子为例，加以改造，学习一下如何使用"匿名内部类作为事件监听器类"。

1. activity_main. xml 界面部分不变

```xml
<RelativeLayout xmlns:android = "http://schemas.android.com/apk/res/android"
  xmlns:tools = "http://schemas.android.com/tools"
  android:layout_width = "match_parent"
  android:layout_height = "match_parent"
  tools:context = ".MainActivity" >

  <EditText
    android:id = "@+id/userName"
    android:layout_width = "wrap_content"
    android:layout_height = "wrap_content"
    android:layout_alignParentLeft = "true"
    android:layout_alignParentTop = "true"
```

```
        android:layout_marginTop = "34dp"
        android:ems = "10" >

        <requestFocus />
    </EditText>

    <EditText
        android:id = "@+id/passWord"
        android:layout_width = "wrap_content"
        android:layout_height = "wrap_content"
        android:layout_alignParentLeft = "true"
        android:layout_below = "@+id/userName"
        android:layout_marginTop = "18dp"
        android:ems = "10"
        android:inputType = "textPassword" />
    //定义了一个 ID 为 login 的按钮
    <Button
        android:id = "@+id/login"
        android:layout_width = "wrap_content"
        android:layout_height = "wrap_content"
        android:layout_alignRight = "@+id/userName"
        android:layout_below = "@+id/passWord"
        android:layout_marginTop = "36dp"
        android:text = "登录" />

</RelativeLayout>
```

2. MainActivity.java 源程序加以改造

```
package com.genwoxue.anonymousinside;
import android.os.Bundle;
import android.app.Activity;
import android.widget.EditText;
import android.widget.Button;
import android.view.View;
import android.view.View.OnClickListener;
import android.widget.Toast;
public class MainActivity extends Activity {
```

```java
private EditText tvUserName = null;
private EditText tvPassword = null;
private Button btnLogin = null;
@Override
protected void onCreate(Bundle savedInstanceState) {
super.onCreate(savedInstanceState);
setContentView(R.layout.activity_main);

tvUserName = (EditText)super.findViewById(R.id.userName);
tvPassword = (EditText)super.findViewById(R.id.passWord);
btnLogin = (Button)super.findViewById(R.id.login);
 btnLogin.setOnClickListener(new OnClickListener(){
  public void onClick(View v){
    String username = tvUserName.getText().toString();
    String password = tvPassword.getText().toString();
    String info = "用户名:" + username + "☆☆☆密码:" + password;
    Toast.makeText(getApplicationContext(), info,
   Toast.LENGTH_SHORT).show();
    }
  });
  }
}
```

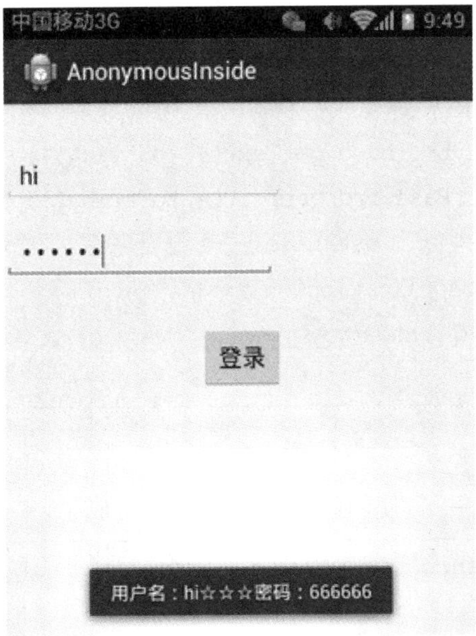

图 6-2

三、对比

```
btnLogin=(Button)super.findViewById(R.id.Login);
btnLogin.setOnClickListener(new LoginOnClickListener());
}
private class LoginOnClickListener implements OnClickListener{
    public void onClick(View v){
        String username=tvUserName.getText().toString();
        String password=tvPassword.getText().toString();
        String info="用户名:"+username+"☆☆☆密码:"+password;
        Toast.makeText(getApplicationContext(), info,Toast.LENGTH_SHORT).show();
    }
}
```
①

内部类作为监听器

```
btnLogin=(Button)super.findViewById(R.id.Login);
btnLogin.setOnClickListener(new OnClickListener(){
    public void onClick(View v){
        String username=tvUserName.getText().toString();
        String password=tvPassword.getText().toString();
        String info="用户名:"+username+"☆☆☆密码:"+password;
        Toast.makeText(getApplicationContext(), info,Toast.LENGTH_SHORT).show();
    }
});
```
②

匿名内部类作为事件监听器

我们对比一下这两种写法：

1. 第①种

(1) 注册：btnLogin.setOnClickListener(new LoginOnClickListener());

(2) 内部类：

```
private class LoginOnClickListener implements OnClickListener{
    public void onClick(View v){
        String username = tvUserName.getText().toString();
        String password = tvPassword.getText().toString();
        String info = "用户名:" + username + "☆☆☆密码:" + password;
        Toast.makeText(getApplicationContext(), info,
         Toast.LENGTH_SHORT).show();
    }
}
```

2. 第②种

实际上是把①种合二为一了，使用匿名内部类直接完成了。

```
btnLogin.setOnClickListener(new OnClickListener(){
    public void onClick(View v){
        String username = tvUserName.getText().toString();
```

```
        String password = tvPassword.getText().toString();
        String info = "用户名:" + username + "☆☆☆密码:" + password;
        Toast.makeText(getApplicationContext(), info,
        Toast.LENGTH_SHORT).show();
            }
        });
```

6.2　OnCheckedChangeListener 事件

单选按钮 RadioGroup、复选框 CheckBox 都有 OnCheckedChangeListener 事件，我们一起了解一下。

一、布局

1. 打开"res/layout/activity_main.xml"文件

```xml
<RelativeLayout
    xmlns:android = "http://schemas.android.com/apk/res/android"
    xmlns:tools = "http://schemas.android.com/tools"
    android:layout_width = "match_parent"
    android:layout_height = "match_parent"
    tools:context = ".MainActivity" >

    <RadioGroup
        android:id = "@+id/gender"
        android:layout_width = "wrap_content"
        android:layout_height = "wrap_content"
        android:layout_alignParentLeft = "true"
        android:layout_alignParentTop = "true" >
        <RadioButton
            android:id = "@+id/male"
            android:layout_width = "wrap_content"
            android:layout_height = "wrap_content"
            android:checked = "true"
            android:text = "男" />
        <RadioButton
            android:id = "@+id/female"
            android:layout_width = "wrap_content"
```

```
        android:layout_height = "wrap_content"
        android:text = "女" />
    </RadioGroup>

    <CheckBox
        android:id = "@+id/football"
        android:layout_width = "wrap_content"
        android:layout_height = "wrap_content"
        android:layout_alignParentLeft = "true"
        android:layout_below = "@+id/gender"
        android:text = "足球" />
    <CheckBox
        android:id = "@+id/basketball"
        android:layout_width = "wrap_content"
        android:layout_height = "wrap_content"
        android:layout_alignParentLeft = "true"
        android:layout_below = "@+id/football"
        android:text = "篮球" />

</RelativeLayout>
```

2. 界面(如图 6-3)

图 6-3

二、OnCheckedChangeListener 事件

打开"src/com.genwoxue.oncheckedchanged/MainActivity.java"文件。然后输入以下代码：

```
package com.genwoxue.oncheckedchanged;

import android.os.Bundle;
import android.app.Activity;
import android.widget.RadioGroup;
import android.widget.RadioButton;
import android.widget.RadioGroup.OnCheckedChangeListener;//引入
    OnCheckedChangeListener 事件相关包
import android.widget.CheckBox;
import android.widget.CompoundButton;
import android.widget.Toast;


public class MainActivity extends Activity {
  private RadioGroup GenderGroup = null;
  private RadioButton rbMale = null;
  private RadioButton rbFemale = null;
  private CheckBox cbFootBall = null;
  private CheckBox cbBasketBall = null;

  @Override
    protected void onCreate(Bundle savedInstanceState) {
      super.onCreate(savedInstanceState);
      setContentView(R.layout.activity_main);

      GenderGroup = (RadioGroup)super.findViewById(R.id.gender);
      rbMale = (RadioButton)super.findViewById(R.id.male);
      rbFemale = (RadioButton)super.findViewById(R.id.female);
      cbFootBall = (CheckBox)super.findViewById(R.id.football);
      cbBasketBall = (CheckBox)super.findViewById(R.id.basketball);
      //在 GenderGroup 注册 OnCheckedChangeListener 事件
                    GenderGroup.  setOnCheckedChangeListener  ( new
GenderOnCheckedChangeListener());
          //在 cbFootBall 注册 OnCheckedChangeListener 事件
```

```
                    cbFootBall. setOnCheckedChangeListener ( new BootBallOnChe
ckedChangeListener());
            //在cbBasketBall注册OnCheckedChangeListener事件

        cbBasketBall. setOnCheckedChangeListener ( new BasketBallOnChecked
ChangeListener());
    }

    private class GenderOnCheckedChangeListener implements OnChecked
ChangeListener{
        @Override
        public void onCheckedChanged(RadioGroup group, int checkedId){
            String sGender = "";
            if(rbFemale.getId() = = checkedId){
                sGender = rbFemale.getText().toString();
            }
            if(rbMale.getId() = = checkedId){
                sGender = rbMale.getText().toString();
            }
            Toast.makeText(getApplicationContext(), "您选择的性别是:
    " + sGender, Toast.LENGTH_LONG).show();
        }

}

    private class BootBallOnCheckedChangeListener implements Compound Button.
OnCheckedChangeListener{
        @Override
        public void onCheckedChanged(CompoundButton button, boolean isChecked){
            String sFav = "";
            if(isChecked){
                sFav = cbFootBall.getText().toString();
                sFav = sFav + "选中!";
            }
            else
                sFav = sFav + "未迁中";
            Toast.makeText(getApplicationContext(), "您选择的爱好是:
```

" + sFav, Toast.LENGTH_LONG).show();
    }
  }

  private class BasketBallOnCheckedChangeListener implements Compound Button.OnCheckedChangeListener{
    @Override
    public void onCheckedChanged(CompoundButton button,boolean isChecked){
      String sFav = "";
      if(cbBasketBall.isChecked()){
        sFav = cbBasketBall.getText().toString();
        sFav = sFav + "选中!";
      }
      else
        sFav = sFav + "未迁中";
      Toast.makeText(getApplicationContext(), "您选择的爱好是:
" + sFav, Toast.LENGTH_LONG).show();
    }
  }
}
```

尽管单选按钮和复选框都有 OnCheckedChange 事件,但注意二者区别。

效果如图 6-4 所示。

图 6-4
```

6.3　OnItemSelectedListener 事件

在 Android App 应用中，OnItemSelectedListener 事件也会经常用到，我们一起来了解一下。

一、界面

1. 新建 province.xml 件

在"res/values"位置新建 province.xml 文件。

(1) province.xml 文件位置如图 6-5 所示。

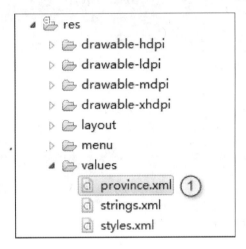

图 6-5

(2) province.xml 内容如下：

```
<?xml version="1.0" encoding="utf-8"?>
<resources>

    <string-array name="provarray">
        <item>河南省</item>
        <item>河北省</item>
        <item>山东省</item>
        <item>山西省</item>
    </string-array>

</resources>
```

(3) 代码

```
<?xml version = "1.0" encoding = "utf-8"?>
<resources>
```

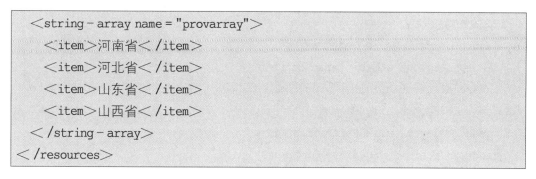

```
<string-array name="provarray">
    <item>河南省</item>
    <item>河北省</item>
    <item>山东省</item>
    <item>山西省</item>
</string-array>
</resources>
```

2. 打开"res/layout/activity_main.xml"文件

(1) 分别从工具栏向 activity 拖出 1 个下拉列表框 Spinner。控件来自 Form Widgets,如图 6-6 所示。

图 6-6

(2) 打开 activity_main.xml 文件。

```
<RelativeLayout xmlns:android="http://schemas.android.com/apk/res/android"
    xmlns:tools="http://schemas.android.com/tools"
    android:layout_width="match_parent"
    android:layout_height="match_parent"
    tools:context=".MainActivity" >
```

```
<Spinner
    android:id = "@ + id/province"
    android:layout_width = "wrap_content"
    android:layout_height = "wrap_content"
    android:layout_alignParentLeft = "true"
    android:layout_alignParentTop = "true"
    android:entries = "@array/provarray" />

</RelativeLayout>
```

3. 界面

界面如图 6-7 所示。

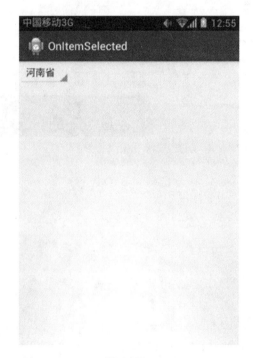

图 6-7

二、OnItemSelectedListener 事件

打开"src/com. genwoxue. onitemselected/MainActivity. java"文件,然后输入以下代码:

```
package com.genwoxue.onitemselected;

import android.os.Bundle;
import android.app.Activity;
```

```java
import android.view.View;
import android.widget.Spinner;
import android.widget.Toast;
import android.widget.AdapterView;
import android.widget.AdapterView.OnItemSelectedListener;


public class MainActivity extends Activity {
    //声明 Spinner 对象
    private Spinner spinProvince = null;

    @Override
    protected void onCreate(Bundle savedInstanceState) {
        super.onCreate(savedInstanceState);
        setContentView(R.layout.activity_main);
        //获取 Spinner
        spinProvince = (Spinner)super.findViewById(R.id.province);
        //注册 OnItemSelected 事件
        spinProvince.setOnItemSelectedListener(new ProvOnItemSelectedListener());
    }

    //OnItemSelected 监听器
    private class  ProvOnItemSelectedListener implements OnItemSelectedListener{
        @Override
        public void onItemSelected(AdapterView<?> adapter, View view, int position, long id) {
            //获取选择的项的值
            String sInfo = adapter.getItemAtPosition(position).toString();
            Toast.makeText(getApplicationContext(), sInfo, Toast.LENGTH_LONG).
            show();
        }

        @Override
        public void onNothingSelected(AdapterView<?> arg0) {
            String sInfo = "什么也没选!";
            Toast.makeText(getApplicationContext(),
    sInfo, Toast.LENGTH_LONG).show();
```

```
        }
    }
}
```

最终效果如图 6-8 所示。

图 6-8

6.4 OnItemSelectedListener 事件与二级联动

在 Android App 应用中,二级联动是应用极为广泛的,我们在上一章的基础上来学习一下如何实现。

基本知识点:OnItemSelectedListener 事件。

一、界面

1. 新建 province.xml 文件

在"res/values"位置新建 province.xml 文件。

(1) province.xml 文件位置如图 6-9 所示:

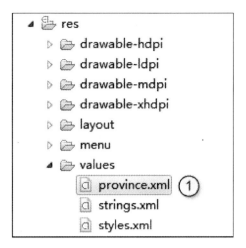

图 6-9

(2) province.xml 内容如下：

(3) 代码

```
<?xmlversion = "1.0"encoding = "utf-8"?>
<resources>
<string-arrayname = "provarray">
<item>河南省</item>
<item>河北省</item>
<item>山东省</item>
<item>山西省</item>
</string-array>
</resources>
```

2. 打开"res/layout/activity_main.xml"文件

步骤一 分别从工具栏向 activity 拖出 2 个下拉列表框 Spinner。控件来自 Form Widgets，如图 6-10 所示。

图 6-10

步骤二 打开 activity_main.xml 文件。

```xml
<?xml version = "1.0" encoding = "utf-8"?>
<LinearLayout
    xmlns:android = "http://schemas.android.com/apk/res/android"
    android:layout_width = "match_parent"
    android:layout_height = "match_parent" >

    <Spinner
        android:id = "@+id/province"
        android:layout_width = "wrap_content"
        android:layout_height = "wrap_content"
        android:entries = "@array/provarray" />

    <Spinner
        android:id = "@+id/city"
        android:layout_width = "wrap_content"
        android:layout_height = "wrap_content" />

</LinearLayout>
```

3. 界面

界面如图6-11所示。

图 6-11

二、OnItemSelectedListener 事件

打开"src/com. genwoxue. twolevelmenu/MainActivity. java"文件,然后输入以下代码:
TextCopy to clipboardPrint

```
package com.genwoxue.twolevelmenu;

import android.os.Bundle;
import android.app.Activity;
import android.view.View;
import android.widget.Spinner;
import android.widget.Toast;
import android.widget.ArrayAdapter;
import android.widget.AdapterView;
import android.widget.AdapterView.OnItemSelectedListener;


public class MainActivity extends Activity {

    //声明 Spinner 对象
    private Spinner spinProvince = null;
    private Spinner spinCity = null;
    //定义城市数据,用于二级菜单
```

```java
private String[][] arrCity = new String[][]{
    {"郑州","开封","洛阳","安阳"},
    {"石家庄","保定","邯郸","张家口"},
    {"济南","青岛","烟台","日照"},
    {"太原","晋中","吕梁","临汾"}};
//声明数组适配器,用来填充城市列表
private ArrayAdapter<CharSequence> adapterCity = null;

@Override
protected void onCreate(Bundle savedInstanceState) {
    super.onCreate(savedInstanceState);
    setContentView(R.layout.activity_main);
    //获取 Spinner 对象
    spinProvince = (Spinner)super.findViewById(R.id.province);
    spinCity = (Spinner)super.findViewById(R.id.city);
    //为 spinProvince 控件注册 OnItemSelected 监听器
    spinProvince.setOnItemSelectedListener(new ProvOnItemSelectedListener());
    //为 spinCity 控件注册 OnItemSelected 监听器
    spinCity.setOnItemSelectedListener(new CityOnItemSelectedListener());
}

//OnItemSelected 监听器
private class ProvOnItemSelectedListener implements OnItemSelectedListener{
    //选择省份,触发城市下拉列表框
    @Override
    public void onItemSelected(AdapterView<?> adapter, View view, int position,
        long id) {
        //使用 ArrayAdapter 转换数据
        MainActivity.this.adapterCity = new ArrayAdapter<CharSequence>(
            MainActivity.this,
            android.R.layout.simple_spinner_item,
            MainActivity.this.arrCity[position]);
        //使用 adapterCity 数据适配器填充 spinCity
        MainActivity.this.spinCity.setAdapter(MainActivity.this.adapterCity);

    }
```

```java
        @Override
        public void onNothingSelected(AdapterView<?> arg0) {
            //没有选择时执行
        }
    }
    //OnItemSelected 监听器
    private class CityOnItemSelectedListener implements OnItemSelectedListener{
        //选择城市,触发显示选择的城市
        @Override
        public void onItemSelected(AdapterView<?> adapter,View view,int position,
        long id) {
            //获取选择的项的值
            String sInfo = adapter.getItemAtPosition(position).toString();
            Toast.makeText(getApplicationContext(), sInfo, Toast.LENGTH_LONG).show();
        }
        @Override
        public void onNothingSelected(AdapterView<?> arg0) {
            //没有选择时执行
        }
    }
}
```

最终效果如图 6-12、图 6-13 所示。

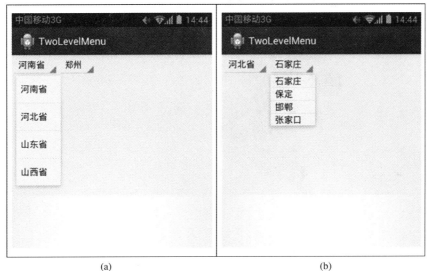

图 6-12

图 6-13

6.5 OnTouchListener 触摸事件

在 Android App 应用中,OnTouch 事件表示触摸事件,本章我们通过滑过图像获取当前位置理解其具体用法,如图 6-14 所示。

图 6-14

一、设计界面

步骤一　首先把 c.jpg 图片复制到 res/drawable-hdpi 文件夹内，如图 6-15 所示。

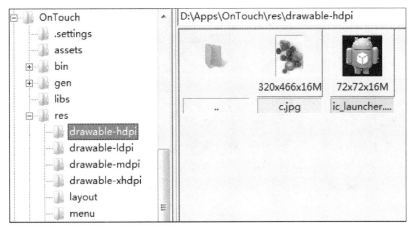

图 6-15

步骤二　打开"res/layout/activity_main.xml"文件。

（1）从工具栏向 activity 拖出 1 个图像 ImageView、1 个文本标签 TextView，如图 6-16 所示。

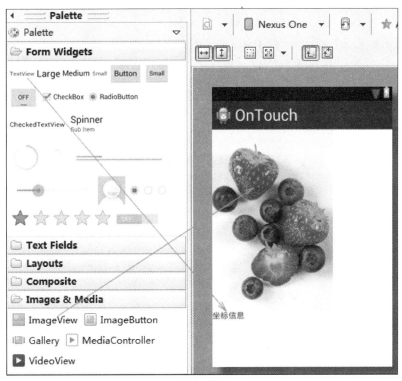

图 6-16

步骤三　打开 activity_main.xml 文件。
代码如下：

```xml
<RelativeLayout
    xmlns:android = "http://schemas.android.com/apk/res/android"
    android:layout_width = "match_parent"
    android:layout_height = "match_parent" >

    <ImageView
        android:id = "@+id/picture"
        android:layout_width = "wrap_content"
        android:layout_height = "wrap_content"
        android:layout_alignParentLeft = "true"
        android:layout_alignParentTop = "true"
        android:src = "@drawable/c"  />

    <TextView
        android:id = "@+id/info"
        android:layout_width = "wrap_content"
        android:layout_height = "wrap_content"
        android:layout_alignParentLeft = "true"
        android:layout_below = "@+id/picture"
        android:text = "坐标信息"  />

</RelativeLayout>
```

界面如图 6-17 所示。

图 6-17

二、长按事件

打开"src/com.genwoxue.onlongclick/MainActivity.java"文件，然后输入以下代码：

```java
package com.genwoxue.ontouch;

import android.os.Bundle;
import android.app.Activity;
import android.widget.ImageView;
import android.widget.TextView;
import android.view.View;
import android.view.MotionEvent;
import android.view.View.OnTouchListener;

public class MainActivity extends Activity {
    //声明 TextView、ImageView 对象
    private TextView  tvInfo = null;
    private ImageView ivwPicture = null;

    @Override
    protected void onCreate(Bundle savedInstanceState) {
        super.onCreate(savedInstanceState);
        setContentView(R.layout.activity_main);
        //获取 TextView、ImageView 对象
        tvInfo = (TextView)super.findViewById(R.id.info);
        ivwPicture = (ImageView)super.findViewById(R.id.picture);
        //注册 OnTouch 监听器
        ivwPicture.setOnTouchListener(new PicOnTouchListener());
    }
    //OnTouch 监听器
    private class PicOnTouchListener implements OnTouchListener{
        @Override
        public boolean onTouch(View v, MotionEvent event){
            //event.getX 获取 X 坐标;event.getY()获取 Y 坐标
            String sInfo = "X = " + String.valueOf(event.getX()) + "   Y = " + String.valueOf(event.getY());
            tvInfo.setText(sInfo);
            return true;
        }
    }
}
```

在图片上不断滑动,则会显示其不同的坐标位置。

效果如图 6-18 所示。

图 6-18

6.6 OnKeyListener 键盘事件

可以通过键盘事件对 E-mail 进行验证(这是网上最多的例子),也可以加入关键字非法文字的过滤。如果要监听键盘事件,必须知道按下和松开两种不同的操作,在 OnKeyEvent 可以找到按下松开的键。我们这个案例是输入银行卡号,用大字四个一组分隔回显出来,用于提醒是否输错,如图 6-19 所示。

图 6-19

一、设计界面

步骤一　打开"res/layout/activity_main.xml"文件。

从工具栏向 activity 拖出 1 个文本编辑框 EditText、2 个文本标签 TextView，如图 6 - 20 所示。

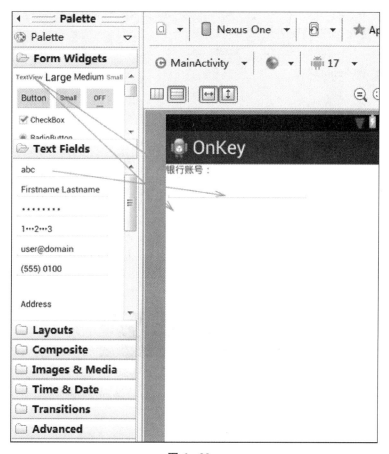

图 6 - 20

步骤二　打开 activity_main.xml 文件。

完整代码如下：

```
<LinearLayout
    xmlns:android = "http://schemas.android.com/apk/res/android"
    android:layout_width = "match_parent"
    android:layout_height = "match_parent"
    android:orientation = "vertical">

    <TextView
        android:id = "@+id/prompt"
        android:layout_width = "wrap_content"
```

```
            android:layout_height = "wrap_content"
            android:text = "银行账号:" />

        <EditText
            android:id = "@+id/accout"
            android:layout_width = "wrap_content"
            android:layout_height = "wrap_content"
            android:ems = "10" />

        <TextView
            android:id = "@+id/info"
            android:layout_width = "wrap_content"
            android:layout_height = "wrap_content"
            android:textSize = "25sp"
            android:text = "" />

</LinearLayout>
```

界面如图 6-21 所示。

图 6-21

二、OnKey 键盘事件

步骤一　打开"src/com. genwoxue. onkey/MainActivity. java"文件。

然后输入以下代码：

```
package com.genwoxue.onkey;
```

```java
import android.os.Bundle;
import android.app.Activity;
import android.view.KeyEvent;
import android.view.View;
import android.widget.TextView;
import android.widget.EditText;
import android.view.View.OnKeyListener;


public class MainActivity extends Activity {
    private EditText etAccout = null;
    private TextView tvInfo = null;
    @Override
    protected void onCreate(Bundle savedInstanceState) {
        super.onCreate(savedInstanceState);
        setContentView(R.layout.activity_main);
        tvInfo = (TextView)super.findViewById(R.id.info);

        etAccout = (EditText)super.findViewById(R.id.accout);
        etAccout.setOnKeyListener(new EmailOnKeyListener());
    }

    private class EmailOnKeyListener implements OnKeyListener{
        @Override
        public boolean onKey(View v, int keyCode, KeyEvent event) {
            //输入银行账号,用大字回显出来字符,每4个字符用横线隔开
            switch (event.getAction()) {
            case KeyEvent.ACTION_UP:                //键盘松开
                String sAccout = etAccout.getText().toString();
                tvInfo.setText(Subs(sAccout));
            case KeyEvent.ACTION_DOWN:              //键盘按下
                break;
            }
            return false;
        }

    private String Subs(String total){
```

```
        String news = "";
        for(int i = 0;i< = total.length()/4;i+ +)
            //分段后最后不加中间横线-
            if(i*4+4<total.length())
                news = news + total.substring(i*4,Math.min(i*4+4,total.length
())) + " - ";
            else
                news = news + total.substring(i*4,Math.min(i*4+4,total.length
()));
        return news;
        }
    }

}
```

在 Android App 中，键盘事件主要用于对键盘事件的监听，根据用户输入内容对键盘事件进行跟踪，键盘事件使用 View.OnKeyListener 接口进行事件处理，接口定义如下：

```
public static interface View.OnKeyListener{
    public boolean OnKey(View v,int keyCode,KeyEvent event);
}
```

步骤二 输入银行账号，自动回显字符。

效果如图 6-22 所示。

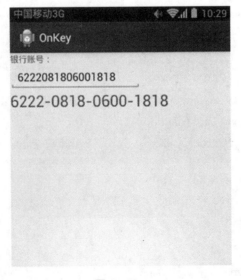

图 6-22

6.7 下载管理界面综合开发实例

下载管理界面如图 6-23 所示,程序的工程结构和源代码,请登录出版社网站 http://www.njupco.com/college/software/883.html 下载。

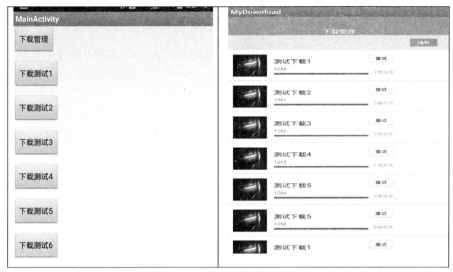

图 6-23

  本章小结

本章着重分析了 6 种常见事件:单击事件、选择改变事件、焦点改变事件、键盘事件、触摸事件、菜单事件的基本操作,通过实例介绍加深对各个事件处理操作步骤的理解,对各事件的回调方法做了分析。

  习题及上机题

问答题

1. 将一个按钮如何实现双击事件,给出具体步骤和关键代码。
2. 一个按钮和一个文本显示组件要实现单击事件,主要区别在哪里?
3. 焦点改变事件的操作步骤有哪些?
4. 当按下模拟器上的"Menu"按钮时,弹出的菜单是什么菜单? 长按某组件后弹出的菜单是什么菜单?

上机题

1. 编程实现长按某个文本框,弹出一个菜单,该菜单有 3 个选项,其中第一个含有 4 个选项的子菜单。

第七章　Android 常用高级控件

在开发 Android 程序中,除了常用 Android 平台的基本组件之外,Android 提供的组件还有很多。本章就介绍一些 Android 平台常用的高级组件,例如:ScrollView,DatePickerDialog,Gallery 等,掌握这些常用组件的使用在 Android 程序设计中会起到事半功倍的效果。

7.1　流动视图 ScrollView

滚动视图的使用形式与各个布局管理器的操作形式类似,唯一不同的是,所有的布局管理器之中,可以包含多个组件,而滚动视图里只能有一个组件,所以所谓的视图指的就是提供一个专门的容器,这个容器里面可以装下多于屏幕宽度的组件,而后采用拖拽的方式显示所有 ScrollView 中的组件。

【程序 7-1】　我们这个案例是显示常用网址,如图 7-1 所示。

图 7-1

一、设计界面

打开"res/layout/activity_main.xml"文件。

手工输入以下代码:切记 XML 文件 ScrollView 中只能放一个其他控件,如果想加入更多,只能通过 java 代码形式。

```xml
<?xml version = "1.0" encoding = "utf-8"?>

<ScrollView
    xmlns:android = "http://schemas.android.com/apk/res/android"
    android:id = "@+id/scroll"
    android:layout_width = "match_parent"
    android:layout_height = "match_parent">

    <LinearLayout
        xmlns:android = "http://schemas.android.com/apk/res/android"
        android:orientation = "vertical"
        android:id = "@+id/linear"
        android:layout_width = "match_parent"
        android:layout_height = "wrap_content" />

</ScrollView>
```

二、ScrollView 流动视图代码

打开"src/com.genwoxue.scrollview/MainActivity.java"文件,然后输入以下代码:

```java
package com.genwoxue.scrollview;

import android.app.Activity;
import android.os.Bundle;
import android.view.ViewGroup;
import android.widget.Button;
import android.widget.LinearLayout;

public class MainActivity extends Activity {

    private String webaddress[] =
    {"网易:www.163.com", "新浪:www.sina.com.cn", "搜狐:www.sohu.com",
     "腾讯:www.qq.com", "百度:www.baidu.com", "东方财富:www.eastmoney.com",
```

```
    "金融界:www.jrj.com.cn","奇艺:www.iqiyi.com","携程网:www.ctrip.com","
中国移动:www.10086.cn",
    "美食中国:www.meishichina.com","工商银行:www.icbc.com.cn","CSDN:www.
csdn.net","跟我学:www.genwoxue.com" };

    @Override
    public void onCreate(Bundle savedInstanceState) {
        super.onCreate(savedInstanceState);
        setContentView(R.layout.activity_main);

        // 获取 LinearLayout 布局
        LinearLayout layout = (LinearLayout) super.findViewById(R.id.linear);

        // 定义布局参数
        LinearLayout.LayoutParams param = new LinearLayout.LayoutParams(
            ViewGroup.LayoutParams.MATCH_PARENT,
            ViewGroup.LayoutParams.WRAP_CONTENT);

        for (int i = 0; i < this.webaddress.length; i++) {
            Button btnWebAddress = new Button(this);
            btnWebAddress.setText(this.webaddress[i]); // 设置显示文字
            layout.addView(btnWebAddress, param); // 增加组件
        }
    }
}
```

ScrollView 继承自 FrameLayout,所以 ScrollView 控件本质就是一个布局管理器。效果如图 7-2 所示。

图 7-2

7.2 常见对话框之一 AlertDialog

在 Android 应用中,有多种对话框,如:Dialog、AlertDialog、ProgressDialog、时间、日期等。

(1) Dialog 类,是一切对话框的基类,需要注意的是,Dialog 类虽然可以在界面上显示,但是并非继承与习惯的 View 类,而是直接从 java.lang.Object 开始构造出来的,类似于 Activity,Dialog 也是有生命周期的,它的生命周期由 Activity 来维护。Activity 负责生产,保存,回复它,在生命周期的每个阶段都有一些回调函数供系统方向调用。

(2) AlertDialog 是 Dialog 的一个直接子类,AlertDialog 也是 Android 系统当中最常用的对话框之一。一个 AlertDialog 可以有 2 个 Button 或 3 个 Button,可以对一个 AlertDialog 设置 title 和 message。不能直接通过 AlertDialog 的构造函数来生成一个 AlertDialog,一般生成 AlertDialog 的时候都是通过它的一个内部静态类 AlertDialog.builder 来构造的。

(3) 顾名思义,这个 Dialog 负责给用户显示进度的相关情况,它是 AlertDialog 的一个子类。

本章我们着重讲解一下 AlertDialog。

AlertDialog 的构造方法全部是 Protected 的,所以不能直接通过 new 一个

AlertDialog 来创建出一个 AlertDialog。

要创建一个 AlertDialog,就要用到 AlertDialog.Builder 中的 create()方法。

使用 AlertDialog.Builder 创建对话框需要了解以下几个方法:

  setTitle:为对话框设置标题

  setIcon:为对话框设置图标

  setMessage:为对话框设置内容

  setView:给对话框设置自定义样式

  setItems:设置对话框要显示的一个 list,一般用于显示几个命令时

  setMultiChoiceItems:用来设置对话框显示一系列的复选框

  setNeutralButton:普通按钮

  setPositiveButton:给对话框添加"Yes"按钮

  setNegativeButton:对话框添加"No"按钮

  create:创建对话框

  show:显示对话框

一、简单对话框

Dialog 类虽然可以在界面上显示,但是并非继承与习惯的 View 类,而是直接从 java.lang.Object 开始构造出来的。

步骤一 打开"src/com.genwoxue.alertdialog_a/MainActivity.java"文件。

然后输入以下代码:

```
package com.example.alertdialog_a;

import android.os.Bundle;
import android.app.Activity;
import android.app.AlertDialog.Builder;
import android.app.AlertDialog;

public class MainActivity extends Activity {

    @Override
    protected void onCreate(Bundle savedInstanceState) {
        super.onCreate(savedInstanceState);
        setContentView(R.layout.activity_main);
        //AlertDialog 的构造方法全部是 Protected 的,所以不能直接通过 new 一个
   AlertDialog 来创建出一个 AlertDialog.
        //要创建一个 AlertDialog,就要用到 AlertDialog.Builder 中的 create()方法
        Builder adInfo = new AlertDialog.Builder(this);
        adInfo.setTitle("简单对话框");                    //设置标题
```

第七章 Android 常用高级控件

```
        adInfo.setMessage("这是一个美丽的传说,精美的石头会唱歌…");
                                                                //设置内容
        adInfo.setIcon(R.drawable.ic_launcher);//设置图标
        adInfo.create();
        adInfo.show();

    }
}
```

步骤二　运行,显示界面,如图 7-3 所示。

图 7-3

二、带按钮的 AlertDialog

我们在执行删除、确认等操作时,常常在对话框中单击按钮,AlertDialog 可以显示 3 个按钮。

步骤一　打开"src/com.genwoxue.alertdialog_bMainActivity.java"文件,然后输入以下代码:

```
package com.example.alertdialog_b;

import android.os.Bundle;
import android.app.Activity;
```

```java
import android.app.AlertDialog.Builder;
import android.app.AlertDialog;
import android.content.DialogInterface;

public class MainActivity extends Activity {

    @Override
    protected void onCreate(Bundle savedInstanceState) {
        super.onCreate(savedInstanceState);
        setContentView(R.layout.activity_main);

        Builder dialog = new AlertDialog.Builder(this);
        dialog.setTitle("确定删除?");
        dialog.setMessage("您确定删除该条信息吗?");
        dialog.setIcon(R.drawable.ic_launcher);
        //为"确定"按钮注册监听事件
        dialog.setPositiveButton("确定", new DialogInterface.OnClickListener() {
            @Override
            public void onClick(DialogInterface dialog, int which) {
                // 根据实际情况编写相应代码.
            }
        });
        //为"取消"按钮注册监听事件
        dialog.setNegativeButton("取消", new DialogInterface.OnClickListener() {
            @Override
            public void onClick(DialogInterface dialog, int which) {
                // 根据实际情况编写相应代码.
            }
        });
        //为"查看详情"按钮注册监听事件
        dialog.setNeutralButton("查看详情", new DialogInterface.OnClickListener() {
            @Override
            public void onClick(DialogInterface dialog, int which) {
                // 根据实际情况编写相应代码.
            }
        });
        dialog.create();
```

```
        dialog.show();
    }
}
```

步骤二　运行,显示界面如图 7-4 所示。

图 7-4

三、带有单选按钮、类似 ListView 的 AlertDialog 对话框

setSingleChoiceItems（CharSequence [ ] items, int checkedItem, final OnClickListener listener)方法来实现类似 ListView 的 AlertDialog,第一个参数是要显示的数据的数组,第二个参数指定默认选中项,第三个参数设置监听处理事件。

步骤一　打开"src/com. genwoxue. alertdialog_c/MainActivity. java"文件。

然后输入以下代码：

```
TextCopy to clipboardPrint
    package com.genwoxue.alertdialog_c;

    import android.app.Activity;
    import android.app.AlertDialog;
    import android.app.Dialog;
    import android.content.DialogInterface;
    import android.os.Bundle;
    import android.widget.Toast;
```

```java
public class MainActivity extends Activity {
    //声明选中项变量
    private int selectedCityIndex = 0;

    @Override
    public void onCreate(Bundle savedInstanceState) {
        super.onCreate(savedInstanceState);
        setContentView(R.layout.activity_main);
        //定义城市数组
        final String[] arrayCity = new String[] { "杭州", "纽约", "威尼斯", "北海道" };

        //实例化 AlertDialog 对话框
        Dialog alertDialog = new AlertDialog.Builder(this)
          .setTitle("你最喜欢哪个地方?")                                    //设置标题
          .setIcon(R.drawable.ic_launcher)                   //设置图标
          //设置对话框显示一个单选 List,指定默认选中项,同时设置监听事件处理
          .setSingleChoiceItems(arrayCity, 0, new DialogInterface.OnClickListener() {

            @Override
            public void onClick(DialogInterface dialog, int which) {
                selectedCityIndex = which;          //选中项的索引保存到选中项变量
            }
        })
        //添加取消按钮并增加监听处理
        .setNegativeButton("取消", new DialogInterface.OnClickListener() {
            @Override
          public void onClick(DialogInterface dialog, int which) {
              // TODO Auto-generated method stub
          }
        })
        //添加确定按钮并增加监听处理
        .setPositiveButton("确认", new DialogInterface.OnClickListener() {
            @Override
            public void onClick(DialogInterface dialog, int which) {
            Toast.makeText(getApplication(), arrayCity[selectedCityIndex], Toast.LENGTH_SHORT).show();
            }
```

第七章　Android 常用高级控件　　　　　　　　　　　　　　　　　　　　　　　　181

```
            })
         .create();
      alertDialog.show();
   }
}
```

步骤二　运行,显示界面如图 7-5 所示。

图 7-5

四、带有复选框、类似 ListView 的 AlertDialog 对话框

setMultiChoiceItems (CharSequence [ ] items, boolearn [ ] checkedItems, final OnMultiChoiceClickListener listener)方法来实现类似 ListView 的 AlertDialog,第一个参数是要显示的数据的数组,第二个参数指定默认选中项,第三个参数设置监听处理事件。

步骤一　打开"src/com. genwoxue. alertdialog_d/MainActivity. java"文件。
然后输入以下代码:

```
package com.genwoxue.alertdialog_d;

import android.app.Activity;
import android.app.AlertDialog;
import android.app.Dialog;
import android.content.DialogInterface;
```

```java
import android.os.Bundle;
import android.widget.Toast;


public class MainActivity extends Activity {

    @Override
    public void onCreate(Bundle savedInstanceState) {
        super.onCreate(savedInstanceState);
        setContentView(R.layout.activity_main);
        //定义运动数组
        final String[] arraySport = new String[] { "足球", "篮球", "网球", "乒乓球" };
        final boolean[] arraySportSelected = new boolean[] {false, false, false, false};

        //实例化 AlertDialog 对话框
        Dialog alertDialog = new AlertDialog.Builder(this)
          .setTitle("你喜欢哪些运动?")              //设置标题
          .setIcon(R.drawable.ic_launcher)         //设置图标
          //设置对话框显示一个复选 List,指定默认选中项,同时设置监听事件处理
          .setMultiChoiceItems(arraySport, arraySportSelected, new DialogInterface.OnMultiChoiceClickListener() {

            @Override
            public void onClick(DialogInterface dialog, int which, boolean isChecked) {
                arraySportSelected[which] = isChecked;//选中项的布尔真假保存到选中项变量
            }
          })
          //添加取消按钮并增加监听处理
          .setPositiveButton("确认", new DialogInterface.OnClickListener() {

            @Override
            public void onClick(DialogInterface dialog, int which) {
                StringBuilder stringBuilder = new StringBuilder();
                for (int i = 0; i < arraySportSelected.length; i++) {
                    if (arraySportSelected[i] == true){
                        stringBuilder.append(arraySport[i] + "、");
```

```
          }
        }
        Toast.makeText(getApplication(), stringBuilder.toString(), Toast.
LENGTH_SHORT).show();
      }
    })

    //添加确定按钮并增加监听处理
    .setNegativeButton("取消", new DialogInterface.OnClickListener() {

      @Override
      public void onClick(DialogInterface dialog, int which) {
        // TODO Auto-generated method stub
      }
    })
    .create();

  alertDialog.show();
  }
}
```

步骤二 运行,显示界面如图 7-6 所示。

图 7-6

7.3 日期对话框 DatePickerDialog

在 Android 应用中,设置日期和时间是非常简单的事,由日期和时间对话框控件完成,如图 7-7 所示。

图 7-7

一、界面

步骤一 打开"src/com.genwoxue.datetimediy/active_main.java"文件。
然后输入以下代码:

```
<?xml version = "1.0" encoding = "utf-8"?>
<LinearLayout
    android:id = "@ + id/LinearLayout01"
    android:layout_width = "fill_parent"
    android:layout_height = "fill_parent"
    android:orientation = "vertical"
    xmlns:android = "http://schemas.android.com/apk/res/android">
    <EditText
```

```
        android:id = "@ + id /et"
        android:layout_width = "fill_parent"
        android:layout_height = "wrap_content"
        android:editable = "false"
        android:cursorVisible = "false" />

    <Button
        android:text = "日期对话框"
        android:id = "@ + id /dateBtn"
        android:layout_width = "fill_parent"
        android:layout_height = "wrap_content" />

    <Button
        android:text = "时间对话框"
        android:id = "@ + id /timeBtn"
        android:layout_width = "fill_parent"
        android:layout_height = "wrap_content" />

    <DigitalClock
        android:text = "@ + id /digitalClock"
        android:textSize = "20dip"
        android:gravity = "center"
        android:id = "@ + id /DigitalClock01"
        android:layout_width = "fill_parent"
        android:layout_height = "wrap_content" />

    <AnalogClock
        android:id = "@ + id /analogClock"
        android:gravity = "center"
        android:layout_width = "fill_parent"
        android:layout_height = "wrap_content" />

</LinearLayout>
```

步骤二 打开"src/com.genwoxue.datetimediy/MainActivity.java"文件。然后输入以下代码：

```java
package com.genwoxue.datetimedialog;

import java.util.Calendar;
import android.app.Activity;
import android.app.DatePickerDialog;
import android.app.Dialog;
import android.app.TimePickerDialog;
import android.os.Bundle;
import android.view.View;
import android.widget.Button;
import android.widget.DatePicker;
import android.widget.EditText;
import android.widget.TimePicker;

public class MainActivity extends Activity {

    private Button dateBtn = null;
    private Button timeBtn = null;
    private EditText et = null;
    private final static int DATE_DIALOG = 0;
    private final static int TIME_DIALOG = 1;
    private Calendar c = null;

    @Override
    public void onCreate(Bundle savedInstanceState) {
        super.onCreate(savedInstanceState);
        setContentView(R.layout.activity_main);
        et = (EditText)findViewById(R.id.et);
        dateBtn = (Button) findViewById(R.id.dateBtn);
        timeBtn = (Button) findViewById(R.id.timeBtn);
        dateBtn.setOnClickListener(new View.OnClickListener(){
            public void onClick(View v) {
            showDialog(DATE_DIALOG);
            }
        });

        timeBtn.setOnClickListener(new View.OnClickListener(){
```

```java
            public void onClick(View v) {
                showDialog(TIME_DIALOG);
            }
        });
    }    /**    * 创建日期及时间选择对话框    */

    @Override
    protected Dialog onCreateDialog(int id) {
        Dialog dialog = null;
        switch (id) {
        case DATE_DIALOG:
            c = Calendar.getInstance();
            dialog = new DatePickerDialog(this,
                    new DatePickerDialog.OnDateSetListener() {
                        public void onDateSet(DatePicker dp, int year, int month, int dayOfMonth) {
                            et.setText("您选择了:" + year + "年" + (month+1) + "月" + dayOfMonth + "日");
                        }
                    }, c.get(Calendar.YEAR), // 传入年份
                    c.get(Calendar.MONTH),  // 传入月份
                    c.get(Calendar.DAY_OF_MONTH) // 传入天数
            );
            break;
        case TIME_DIALOG:
            c = Calendar.getInstance();
            dialog = new TimePickerDialog(this,
                    new TimePickerDialog.OnTimeSetListener(){
                        public void onTimeSet(TimePicker view, int hourOfDay, int minute) {
                            et.setText("您选择了:" + hourOfDay + "时" + minute + "分");
                        }
                    },
                    c.get(Calendar.HOUR_OF_DAY),
                    c.get(Calendar.MINUTE),
                    false
            );
```

```
                break;
        }
        return dialog;
    }
}
```

步骤三 运行,显示界面如图 7-8 所示。

图 7-8

7.4 进度条对话框 ProgressDialog

进度条对话框 ProgressDialog 经常用于不能马上完成的操作,为了避免用户莫名其妙的等待,给用户一个提示。

本例中我们演示了两种进度条:条形进度条和圆形进度条。

一、设计界面

步骤一 打开"res/layout/activity_main.xml"文件。
从工具栏向 activity 拖出 2 个按钮 Button,如图 7-9 所示。

第七章 Android 常用高级控件

图 7-9

步骤二 打开 activity_main.xml 文件。

代码如下：

```xml
<?xml version = "1.0" encoding = "utf-8"?>
<LinearLayout
    xmlns:android = "http://schemas.android.com/apk/res/android"
    android:layout_width = "match_parent"
    android:layout_height = "match_parent"
    android:orientation = "vertical" >

    <Button
        android:id = "@+id/progress"
        android:layout_width = "wrap_content"
        android:layout_height = "wrap_content"
        android:text = "条形进度条" />

    <Button
        android:id = "@+id/circle"
        android:layout_width = "wrap_content"
        android:layout_height = "wrap_content"
```

```
                android:text = "圆形进度条" />

</LinearLayout>
```

二、长按事件

打开"src/com.genwoxue.progress/MainActivity.java"文件。

然后输入以下代码：

```
package com.genwoxue.progress;

import android.app.Activity;
import android.app.ProgressDialog;
import android.content.DialogInterface;
import android.os.Bundle;
import android.view.View;
import android.widget.Button;

public class MainActivity extends Activity
{
    //声明按钮
    private Button btnCircle = null;
    private Button btnProgress = null;
    //声明进度条对话框
    private ProgressDialog pdDialog = null;
    //进度计数
    int iCount  = 0;

    @Override
    public void onCreate(Bundle savedInstanceState)
    {

        super.onCreate(savedInstanceState);
        setContentView(R.layout.activity_main);

        //获取按钮对象
        btnCircle = (Button)findViewById(R.id.circle);
```

```java
btnProgress = (Button)findViewById(R.id.progress);

//设置 btnCircle 的事件监听
btnCircle.setOnClickListener(new Button.OnClickListener() {

    @Override
    public void onClick(View v){

        iCount = 0;
        // 创建 ProgressDialog 对象
        pdDialog = new ProgressDialog(MainActivity.this);

        //设置进度条风格,风格为圆形,旋转的
        pdDialog.setProgressStyle(ProgressDialog.STYLE_SPINNER);

        // 设置 ProgressDialog 标题
        pdDialog.setTitle("圆形进度条");

        // 设置 ProgressDialog 提示信息
        pdDialog.setMessage("正在下载中……");

        // 设置 ProgressDialog 标题图标
        pdDialog.setIcon(R.drawable.ic_launcher);

        // 设置 ProgressDialog 进度条进度
        pdDialog.setProgress(100);

        // 设置 ProgressDialog 的进度条是否不明确
        pdDialog.setIndeterminate(false);

        // 设置 ProgressDialog 是否可以按退回按键取消
        pdDialog.setCancelable(true);

        // 设置 ProgressDialog 的一个 Button
        pdDialog.setButton("取消", new DialogInterface.OnClickListener() {
            public void onClick(DialogInterface dialog, int i)
            {
```

```java
        //点击"取消"按钮取消对话框
        dialog.cancel();
      }
    });

    // 让 ProgressDialog 显示
    pdDialog.show();

    //创建线程实例
    new Thread(){
      public void run(){
        try{
          while (iCount <= 100) {
            // 由线程来控制进度.
            pdDialog.setProgress(iCount++);
            Thread.sleep(50);
          }
          pdDialog.cancel();
        }
        catch (InterruptedException e){
          pdDialog.cancel();
        }
      }

    }.start();
  }

});

//设置 btnProgress 的事件监听
btnProgress.setOnClickListener(new Button.OnClickListener() {
  @Override
  public void onClick(View v)
  {
    iCount = 0;
    // 创建 ProgressDialog 对象
    pdDialog = new ProgressDialog(MainActivity.this);
```

```
// 设置进度条风格,风格为长形
pdDialog.setProgressStyle(ProgressDialog.STYLE_HORIZONTAL);

// 设置 ProgressDialog 标题
pdDialog.setTitle("条形进度条");

// 设置 ProgressDialog 提示信息
pdDialog.setMessage("正在下载中……");

// 设置 ProgressDialog 标题图标
pdDialog.setIcon(R.drawable.ic_launcher);

// 设置 ProgressDialog 进度条进度
pdDialog.setProgress(100);

// 设置 ProgressDialog 的进度条是否不明确
pdDialog.setIndeterminate(false);

// 设置 ProgressDialog 是否可以按退回按键取消
pdDialog.setCancelable(true);

// 让 ProgressDialog 显示
pdDialog.show();

//创建线程实例
new Thread(){
  public void run(){
    try{
      while (iCount <= 100) {
        // 由线程来控制进度.
        pdDialog.setProgress(iCount++);
        Thread.sleep(50);
      }
      pdDialog.cancel();
    }
    catch (InterruptedException e){
      pdDialog.cancel();
```

```
                }
            }

        }.start();
      }
   });
  }
}
```

三、运行效果

运行,效果如图 7-10 所示。

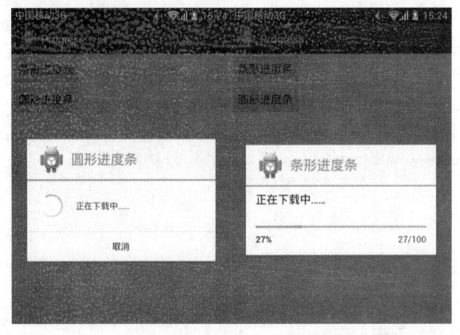

图 7-10

7.5 图片切换 ImageSwitcher & Gallery

ImageSwitcher 是 Android 中控制图片展示效果的一个控件,如:幻灯片效果。

一、设计界面

打开"res/layout/activity_main.xml"文件。

打开 activity_main.xml 文件。

代码如下:

```xml
<?xml version="1.0" encoding="utf-8"?>
<RelativeLayout
    xmlns:android="http://schemas.android.com/apk/res/android"
    android:layout_width="match_parent"
    android:layout_height="match_parent">

    <ImageSwitcher android:id="@+id/switcher"
        android:layout_width="match_parent"
        android:layout_height="match_parent"
        android:layout_alignParentTop="true"
        android:layout_alignParentLeft="true" />

    <Gallery android:id="@+id/gallery"
        android:background="#55000000"
        android:layout_width="match_parent"
        android:layout_height="60dp"
        android:layout_alignParentBottom="true"
        android:layout_alignParentLeft="true"
        android:gravity="center_vertical"
        android:spacing="16dp" />

</RelativeLayout>
```

二、程序文件

打开"src/com.genwoxue.imageswitcher/MainActivity.java"文件,然后输入以下代码:

```java
package com.genwoxue.imageswitcher;

import android.app.Activity;
import android.content.Context;
import android.os.Bundle;
import android.view.View;
import android.view.ViewGroup;
import android.view.Window;
import android.view.animation.AnimationUtils;
import android.widget.AdapterView;
```

```java
import android.widget.BaseAdapter;
import android.widget.Gallery;
import android.widget.ImageSwitcher;
import android.widget.ImageView;
import android.widget.AdapterView.OnItemClickListener;
import android.widget.AdapterView.OnItemSelectedListener;
import android.widget.Gallery.LayoutParams;
import android.widget.ViewSwitcher.ViewFactory;

public class MainActivity extends Activity implements OnItemSelectedListener, ViewFactory {
    //声明ImageSwitcher、Gallery
    private ImageSwitcher is = null;
    private Gallery gallery = null;

    //定义缩微图
    private Integer[] mThumbIds = {
        R.drawable.a,
        R.drawable.b,
        R.drawable.c,
        R.drawable.d,
        R.drawable.e};
    //定义图
    private Integer[] mImageIds = {
        R.drawable.a,
        R.drawable.b,
        R.drawable.c,
        R.drawable.d,
        R.drawable.e};

    @Override
    protected void onCreate(Bundle savedInstanceState) {

        super.onCreate(savedInstanceState);
        requestWindowFeature(Window.FEATURE_NO_TITLE);
        setContentView(R.layout.activity_main);
```

```java
    is = (ImageSwitcher) findViewById(R.id.switcher);
    is.setFactory(this);

    // 显示效果
    is.setInAnimation(AnimationUtils.loadAnimation(this,
 android.R.anim.fade_in));
    is.setOutAnimation(AnimationUtils.loadAnimation(this,
 android.R.anim.fade_out));

    gallery = (Gallery) findViewById(R.id.gallery);
    gallery.setAdapter(new ImageAdapter(this));
    // 设置 OnItemSelected 监听事件
    gallery.setOnItemSelectedListener(this);
}

@Override
public View makeView() {
    ImageView i = new ImageView(this);
    i.setBackgroundColor(0xFF000000);
    i.setScaleType(ImageView.ScaleType.FIT_CENTER);
    i.setLayoutParams(new ImageSwitcher.LayoutParams(LayoutParams.MATCH_PARENT, LayoutParams.MATCH_PARENT));
    return i;
}

public class ImageAdapter extends BaseAdapter {
    public ImageAdapter(Context c) {
        mContext = c;
    }

    public int getCount() {
        return mThumbIds.length;
    }

    public Object getItem(int position) {
        return position;
    }
```

```
        public long getItemId(int position) {
          return position;
        }

        public View getView(int position, View convertView, ViewGroup parent) {
          ImageView i = new ImageView(mContext);
          i.setImageResource(mThumbIds[position]);
          i.setAdjustViewBounds(true);
          i.setLayoutParams(new Gallery.LayoutParams(LayoutParams.WRAP_CONTENT, LayoutParams.WRAP_CONTENT));
          i.setBackgroundResource(R.drawable.e);
          return i;
        }
        private Context mContext;
      }

      @Override
      public void onItemSelected(AdapterView<?> parent, View view, int position, long id) {
        is.setImageResource(mImageIds[position]);
      }

      @Override
      public void onNothingSelected(AdapterView<?> parent) {
      }

}
```

三、运行效果

运行,效果如图 7-11 所示。

图 7-11

7.6 开关控件 Switch 和 ToggleButton

Switch 和 ToggleButtn 都是开关按钮,我们在 WLAN、GPS 常用开关控制。
一、设计界面
步骤一 打开"res/layout/activity_main.xml"文件。
从工具栏向 activity 拖出 1 个 Switch 开关按钮、1 个 ToggleButton 按钮,如图 7-12 所示。

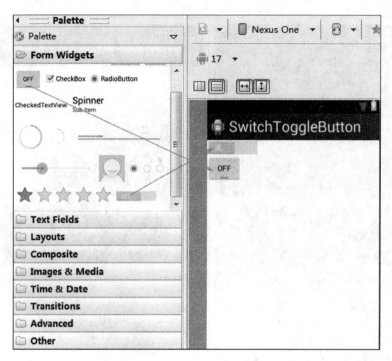

图 7-12

步骤二 打开 activity_main.xml 文件。

代码如下：

```xml
<?xml version="1.0" encoding="utf-8"?>

<LinearLayout
    xmlns:android="http://schemas.android.com/apk/res/android"
    android:layout_width="match_parent"
    android:layout_height="match_parent"
    android:orientation="vertical">

    <Switch
        android:id="@+id/wlan"
        android:layout_width="wrap_content"
        android:layout_height="wrap_content"
        android:textOn="开"
        android:textOff="关"
        />

    <ToggleButton
```

```
        android:id = "@ + id/gps"
        android:layout_width = "wrap_content"
        android:layout_height = "wrap_content"
        android:text = "ToggleButton" />

</LinearLayout>
```

二、程序文件

打开"src/com.genwoxue.switchtogglebutton/MainActivity.java"文件,然后输入以下代码:

```
package com.genwoxue.switchtogglebutton;

import android.app.Activity;
import android.os.Bundle;
import android.widget.Switch;
import android.widget.ToggleButton;
import android.widget.CompoundButton;
import android.widget.CompoundButton.OnCheckedChangeListener;
import android.widget.Toast;


public class MainActivity extends Activity {
    //声明 Switch 与 ToggleButton
    private Switch wlan = null;
    private ToggleButton gps = null;

    @Override
    protected void onCreate(Bundle savedInstanceState) {
        super.onCreate(savedInstanceState);
        setContentView(R.layout.activity_main);
        //获取 Swtich 对象、ToggleButton 对象
        wlan = (Switch)super.findViewById(R.id.wlan);
        gps = (ToggleButton)super.findViewById(R.id.gps);

        /* 因为 Switch 组件继承自 CompoundButton,在代码中可以通过实现
    CompoundButton.OnCheckedChangeListener 接口,并
        实现其内部类的 onCheckedChanged 来监听状态变化. */
```

```java
        wlan.setOnCheckedChangeListener(new OnCheckedChangeListener() {
            @Override
            public void onCheckedChanged(CompoundButton buttonView, boolean isChecked) {
                if(isChecked)
                Toast.makeText(getApplicationContext(), "Switch 状态为开", Toast.LENGTH_SHORT).show();
                else
                 Toast.makeText(getApplicationContext(), "Switch 状态为关", Toast.LENGTH_SHORT).show();
            }
        });


        /* 因为 ToggleButton 组件继承自 CompoundButton,在代码中可以通过实现
        CompoundButton.OnCheckedChangeListener 接口,并
        实现其内部类的 onCheckedChanged 来监听状态变化. */
        gps.setOnCheckedChangeListener(new OnCheckedChangeListener(){
            @Override
            public void onCheckedChanged(CompoundButton buttonView, boolean isChecked)    {
                if(isChecked)
                 Toast.makeText(getApplicationContext(), "Switch 状态为开", Toast.LENGTH_SHORT).show();
                else
                 Toast.makeText(getApplicationContext(), "Switch 状态为关", Toast.LENGTH_SHORT).show();
            }
        });
    }

}
```

三、运行效果

运行,效果如图 7-13 所示。

图 7-13

7.7 手机文件管理器界面综合开发实例

本程序可对手机上的文档、图片、视频等文件进行管理维护,界面如图 7-14 所示。

图 7-14

手机文件管理界面程序的工程结构和源代码,请登录出版社网站 http://www.

njupco.com/college/software/883.html 下载。

本章小结

本章着重介绍了 Android 系统提供的常见高级组件,例如:列表显示、进度条、对话框、画廊组件、选项卡组件等,这些组件都有自己相应的属性、方法和事件触发处理机制。

习题及上机题

问答题

1. ListView 组件中有哪些事件？写出代码。
2. ProgressBar 组件与 ProgressDialog 组件的区别与联系有哪些？
3. 利用 DatePickerDialog 和 TimePickerDialog 将当前时间设置为 2013 - 10 - 15 上午 12:30。
4. Gallery 组件要用到适配器,有哪些适配器可用？该如何操作？

上机题

1. 开发一个日历选择界面。
2. 开发一个图片选择管理器。

第八章　Android 项目开发实践

通过 Android 常用控件和高级控件的学习,基本能开发出常用的程序。本章通过基于 Android 的音乐播放器项目进行工程实践,讲解 Android 的核心知识,熟练掌握 Android 开发技术,提高实际项目的开发能力。

8.1　基于 Android 的音乐播放器设计与实现

随着计算机应用的广泛运用,手机市场的迅速发展,各种音频资源也在网上广为流传,已经渐渐成为人们生活中必不可少的一部分了。于是各种手机播放器也紧跟着发展起来,但是很多播放器一味追求外观花俏,功能庞大,对用户的手机造成很多资源浪费,比如 CPU,内存等占用率过高,在用户需要多任务操作时,造成了不小的影响,带来了许多不便,而对于大多数普通用户,许多功能用不上,形同虚设。针对以上各种弊端,选择了开发多语种的音频播放器,将各种性能优化,继承播放器的常用功能,满足一般用户听歌的需求。

本项目是一款基于 Android 手机平台的音乐播放器,使 Android 手机拥有个性的播放器,让手机主人随时随地处于音乐的旋律中。

8.1.1　系统功能需求分析

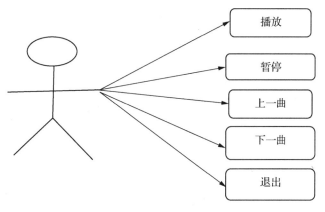

图 8-1　播放器基本功能图

在播放器正在运行时,用户单击"播放"按钮,播放器将播放选中的播放列表中的音乐,并同时显示当前进度;当歌曲未暂停或停止时,用户单击"暂停"按钮,播放器将进入暂停状态;播放器正在播放或暂停时,用户单击"停止"按钮,播放器将停止播放或暂停时,用户点击"上一首"或者"下一首"按钮,播放器将播放上一首或下一首歌曲。

8.1.2 系统流程图

音乐播放器的系统流程图如图8-2所示。

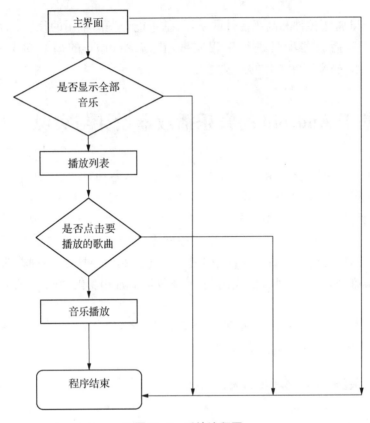

图8-2 系统流程图

8.1.3 音乐播放器界面功能实现

Android的每一个可视化界面,都有其的唯一的布局配置文件,该文件里面有各种布局方式和各种资源文件,如图像、文字、颜色的引用等。程序在运行时,可以通过代码对各配置文件进行读取。这样就可以形成不同的可视化界面和炫丽的效果,如图8-3所示。

第八章 Android 项目开发实践

图 8-3 音乐播放器界面

Context.setContentView(layoutResID)，参数为资源 ID，该 Id 在工程目录 res/layout 下，主界面布局文件名为 main。下面为 main.xml 布局文件代码结构如下：

```xml
<?xml version = "1.0" encoding = "utf-8"?>
<RelativeLayout xmlns:android = "http://schemas.android.com/apk/res/android"
        android:layout_width = "wrap_content"
android:layout_height = "wrap_content">
<LinearLayout android:id = "@+id/main" android:orientation = "vertical"
            android:background = "@drawable/desk"
android:layout_width = "fill_parent"
            android:layout_height = "fill_parent">
<LinearLayout android:layout_width = "wrap_content"
                android:layout_height = "wrap_content"
android:background = "@drawable/list_img_top_bg">
<ImageView android:id = "@+id/play_mode"
                    android:layout_width = "35dip"
android:layout_marginTop = "7dip"
                    android:layout_height = "wrap_content"
android:src = "@drawable/icon_playmode_shuffle"
                    android:background = "@drawable/img_top_bt_bg" />
```

```xml
<LinearLayout android:orientation = "vertical"
              android:layout_width = "fill_parent"
              android:layout_height = "wrap_content">
    <TextView android:id = "@+id/current_musicName"
              android:layout_marginTop = "3dip"
              android:layout_width = "140dip"
              android:layout_height = "20dip"
              android:layout_marginLeft = "60dip" />
    <TextView android:id = "@+id/current_musicNum"
              android:layout_width = "wrap_content"
              android:layout_height = "20dip"
              android:layout_marginLeft = "100dip" />
</LinearLayout>
<TextView android:layout_width = "wrap_content"
          android:layout_height = "wrap_content" android:text = "状态:"
          android:layout_marginTop = "13dip"
          android:layout_marginLeft = "15dip"
          android:textColor = "#000000" />
<TextView android:id = "@+id/state"
          android:layout_width = "wrap_content"
          android:layout_height = "wrap_content" android:text = "停止"
          android:layout_marginTop = "13dip"
          android:textColor = "#000000" />
</LinearLayout>

<ImageView
          android:layout_width = "wrap_content"
          android:layout_height = "wrap_content"
          android:layout_marginLeft = "80dip"
          android:paddingTop = "20dip"
          android:src = "@drawable/img_single_bg" />

<LinearLayout android:layout_width = "fill_parent"
          android:orientation = "vertical"
          android:layout_height = "wrap_content"
          android:layout_marginTop = "20dip">
```

```xml
<SeekBar
            android:id = "@+id/sb"
            android:layout_width = "260dip"
            android:layout_height = "wrap_content"
            android:layout_marginLeft = "30dip"
            android:paddingLeft = "5dip"
            android:paddingTop = "10dip"
            android:progressDrawable = "@drawable/img_progress_bg"
            android:thumb = "@drawable/img_progress_now" />

<TextView android:id = "@+id/main_lrc" android:layout_width = "wrap_content"
            android:layout_height = "40dip" android:layout_marginLeft = "30dip" />
</LinearLayout>
<LinearLayout
            android:layout_width = "fill_parent"
            android:layout_height = "wrap_content"
            android:background = "@drawable/img_playback_bg"
            android:baselineAligned = "true"
            android:paddingTop = "20dip" >
<TextView
            android:id = "@+id/current_progress"
            android:layout_width = "wrap_content"
            android:layout_height = "wrap_content"
            android:layout_marginLeft = "5dip"
            android:text = "00:00" />
<ImageView
            android:id = "@+id/stop"
            android:layout_width = "wrap_content"
            android:layout_height = "wrap_content"
            android:layout_marginLeft = "25dip"
            android:src = "@drawable/stop" />
<ImageView
            android:id = "@+id/last"
            android:layout_width = "wrap_content"
            android:layout_height = "wrap_content"
```

```
                    android:layout_marginLeft = "25dip"
                    android:src = "@drawable/last" />
<ImageView
                    android:id = "@+id/play"
                    android:layout_width = "wrap_content"
                    android:layout_height = "wrap_content"
                    android:layout_marginLeft = "25dip"
                    android:src = "@drawable/play" />
<ImageView
                    android:id = "@+id/next"
                    android:layout_width = "wrap_content"
                    android:layout_height = "wrap_content"
                    android:layout_marginLeft = "25dip"
                    android:src = "@drawable/next" />
<TextView
                    android:id = "@+id/total_progress"
                    android:layout_width = "wrap_content"
                    android:layout_height = "wrap_content"
                    android:layout_marginLeft = "25dip"
                    android:text = "00:00" />
</LinearLayout>
</LinearLayout>
<LinearLayout android:id = "@+id/list" android:orientation = "vertical"
        android:visibility = "gone" android:layout_width = "fill_parent"
        android:layout_height = "wrap_content">
<LinearLayout android:layout_width = "wrap_content"
            android:layout_height = "wrap_content"
android:background = "@drawable/list_img_top_bg">
<Button android:id = "@+id/add" android:layout_width = "wrap_content"
                android:layout_height = "wrap_content" android:text = "添加歌曲"
                android:background = "@drawable/img_top_bt_bg"
                android:layout_marginTop = "10dip" />
<LinearLayout android:orientation = "vertical"
                android:layout_width = "wrap_content"
android:layout_height = "wrap_content"
                android:layout_gravity = "center">
<TextView android:layout_width = "wrap_content"
```

```xml
                    android:layout_height="20dip" android:text="默认列表"
                    android:layout_marginLeft="75dip" />
<TextView android:id="@+id/musicSize" android:layout_width="wrap_content"
                    android:layout_height="20dip"
android:layout_marginLeft="70dip" />
</LinearLayout>
</LinearLayout>
<ScrollView android:layout_width="wrap_content"
            android:layout_height="wrap_content">
<LinearLayout android:orientation="vertical"
              android:layout_width="fill_parent"
android:layout_height="wrap_content">
<ListView android:id="@+id/lv" android:layout_width="fill_parent"
                    android:layout_height="340dip" />
</LinearLayout>
</ScrollView>
</LinearLayout>
<LinearLayout android:id="@+id/menu" android:orientation="vertical"
            android:visibility="gone" android:layout_width="fill_parent"
            android:layout_height="wrap_content" android:gravity="center"
android:background="@drawable/desk">
<LinearLayout android:layout_width="wrap_content"
                android:layout_height="wrap_content" android:background="
@drawable/list_img_top_bg">
<TextView android:text="功能选项" android:id="@+id/select_item"
                    android:background="@drawable/img_buttom_bt_lrc"
android:textStyle="bold"
                    android:layout_width="wrap_content"
android:layout_height="wrap_content" />
</LinearLayout>
<ListView android:id="@+id/menu" android:layout_width="wrap_content"
android:background="@drawable/img_top_bg1"
                    android:layout_height="wrap_content">
</ListView>
<TextView android:layout_width="wrap_content" android:layout_height="50px" />
<LinearLayout android:layout_width="fill_parent" android:gravity="right"
                    android:layout_height="wrap_content" >
```

```
</LinearLayout>
</LinearLayout>
<include layout = "@layout/bottom" android:layout_width = "fill_parent"
         android:layout_height = "53dip"
android:layout_alignParentBottom = "true" />
```

播放器播放、暂停、停止等功能的代码实现：

```
<LinearLayout
            android:layout_width = "fill_parent"
            android:layout_height = "wrap_content"
            android:background = "@drawable/img_playback_bg"
            android:baselineAligned = "true"
            android:paddingTop = "20dip" >
<TextView
            android:id = "@+id/current_progress"
            android:layout_width = "wrap_content"
            android:layout_height = "wrap_content"
            android:layout_marginLeft = "5dip"
            android:text = "00:00" />
<ImageView
            android:id = "@+id/stop"
            android:layout_width = "wrap_content"
            android:layout_height = "wrap_content"
            android:layout_marginLeft = "25dip"
            android:src = "@drawable/stop" />
<ImageView
            android:id = "@+id/last"
            android:layout_width = "wrap_content"
            android:layout_height = "wrap_content"
            android:layout_marginLeft = "25dip"
            android:src = "@drawable/last" />
<ImageView
            android:id = "@+id/play"
            android:layout_width = "wrap_content"
            android:layout_height = "wrap_content"
            android:layout_marginLeft = "25dip"
            android:src = "@drawable/play" />
```

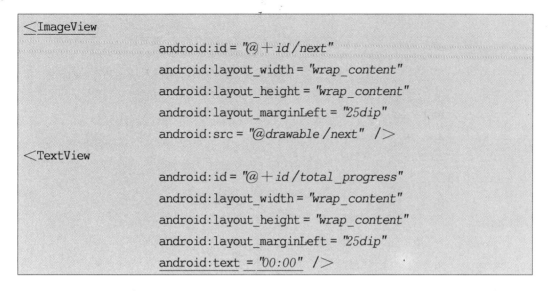

8.2 基于 Android 的聊天工具设计与实现

8.2.1 聊天界面

程序界面如图 8-4 所示。

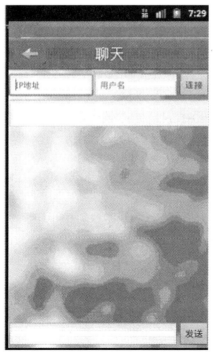

图 8-4 聊天界面

chat.xml:聊天界面代码:

```xml
<?xml version="1.0" encoding="utf-8"?>
<RelativeLayout xmlns:android="http://schemas.android.com/apk/res/android"
    android:orientation="vertical"
    android:layout_width="wrap_content"
    android:layout_height="wrap_content"
    android:background="@drawable/chat_bg"
    >
<Button
    android:id="@+id/return_button"
    android:layout_width="50dp"
    android:layout_height="32dp"
    android:layout_alignParentLeft="true"
    android:layout_marginLeft="9dp"
    android:layout_marginTop="9dp"
    android:background="@drawable/return_button"
    />
<EditText
android:id="@+id/edit0"
android:layout_width="135dp"
android:layout_height="40dp"
android:textSize="13sp"
android:layout_below="@id/return_button"
android:layout_alignParentLeft="true"
android:layout_marginTop="15dp"
android:hint="IP 地址"
    />
<EditText
    android:layout_width="135dp"
    android:layout_height="40dp"
    android:textSize="13sp"
    android:layout_below="@id/return_button"
    android:layout_toRightOf="@id/edit0"
    android:layout_marginTop="15dp"
    android:hint="用户名"
    android:id="@+id/edit1"
```

```xml
        />
<Button
    android:id = "@+id/button1"
    android:layout_width = "fill_parent"
    android:layout_height = "40dp"
    android:textSize = "13sp"
    android:textColor = "#1d5972"
    android:layout_below = "@id/return_button"
    android:layout_toRightOf = "@id/edit1"
    android:layout_marginTop = "15dp"
    android:text = "连接"
    />
<EditText
    android:layout_width = "fill_parent"
    android:layout_height = "wrap_content"
    android:textSize = "15sp"
    android:text = ""
    android:layout_below = "@id/edit0"
    android:background = "@android:color/transparent"
    android:id = "@+id/edit3"
    />
<EditText
    android:layout_width = "270dp"
    android:layout_height = "40dp"
    android:textSize = "13sp"
    android:layout_alignParentLeft = "true"
    android:layout_alignParentBottom = "true"
    android:text = ""

    android:id = "@+id/edit2"
    />
<Button
    android:layout_width = "50dp"
    android:layout_height = "40dp"
    android:textColor = "#1d5972"
    android:layout_alignParentRight = "true"
    android:layout_alignParentBottom = "true"
```

```
        android:text = "发送"
        android:id = "@ + id /button2"
         />
</RelativeLayout>
```

chat.java:聊天界面响应代码如下。

```
package com.android.hello;
import android.app.Activity;
import android.os.Bundle;
import android.view.Window;
import android.view.WindowManager;
import android.widget.Gallery;
import android.widget.GridView;
import android.widget.ImageSwitcher;
import android.graphics.Bitmap;
import android.graphics.BitmapFactory;
import java.io.InputStream;
import android.app.Activity;
import android.app.AlertDialog;
import android.content.Context;
import android.content.DialogInterface;
import android.content.res.Resources;
import android.os.Bundle;
import android.view.View;
import android.view.ViewGroup;
import android.view.Window;
import android.view.animation.AnimationUtils;
import android.widget.AdapterView;
import android.widget.BaseAdapter;
import android.widget.Gallery;
import android.widget.ImageSwitcher;
import android.widget.ImageView;
import android.widget.Toast;
import android.widget.ViewSwitcher;
import android.widget.Gallery.LayoutParams;
import android.content.res.TypedArray;
import android.graphics.Bitmap;
```

```java
import android.graphics.BitmapFactory;
import android.net.Uri;
import java.io.FileInputStream;
import java.io.BufferedInputStream;
import java.io.FileNotFoundException;
import android.graphics.drawable.Drawable;
import android.graphics.drawable.BitmapDrawable;
import android.content.Context;
import android.widget.GridView;
import android.widget.Toast;
import android.widget.AdapterView.OnItemClickListener;
import android.widget.AdapterView.OnItemSelectedListener;
import android.widget.Button;
import android.widget.EditText;
import java.net.*;
import java.io.*;
import java.util.*;
import android.util.Log;
import android.content.Intent;
public class chat extends Activity
{
    public String getLocalIpAddress() {
        try {
            for (Enumeration<NetworkInterface> en = NetworkInterface
                    .getNetworkInterfaces(); en.hasMoreElements();) {
                NetworkInterface intf = en.nextElement();
                for (Enumeration<InetAddress> enumIpAddr = intf
                        .getInetAddresses(); enumIpAddr.hasMoreElements();) {
                    InetAddress inetAddress = enumIpAddr.nextElement();
                    if (!inetAddress.isLoopbackAddress()) {
                        return inetAddress.getHostAddress().toString();
                    }
                }
            }
        } catch (SocketException ex) {
            Log.e("WifiPreference IpAddress", ex.toString());
        }
```

```java
            return "null";
        }
    public Socket s;
    public EditText edit0;
    public EditText edit1;
    public EditText edit2;
    public void tct_close()
    {
        try {
            s.close();
            Toast.makeText(chat.this, "关闭TCP", Toast.LENGTH_SHORT).show();
        } catch (IOException e) {
            Toast.makeText(chat.this, "关闭TCP不成功", Toast.LENGTH_SHORT).show();
            e.printStackTrace();
        }
    }
    public class myThread extends Thread {
        String str1 = "";
        EditText edit3_1;
        public void run(){
            try {
                //编写线程的代码
 BufferedReader input = new BufferedReader ( new InputStreamReader ( s.getInputStream(),"GBK"));
                edit3_1 = (EditText)findViewById(R.id.edit3);
                while(true)
                {
                    String message = input.readLine();
                    Log.d("Tcp Demo", "message From Server:" + message);

                    str1 = edit3_1.getText().toString() + "\r\n" + message;
                    // 必须使用post方法更新UI组件
                    edit3_1.post(new Runnable()
                    {
                        @Override
                        public void run()
                        {
```

```
                          edit3_1.setText(str1);
                    }
                });
            }
        } catch (IOException e) {
            Toast.makeText(chat.this, "myThread 中接收 TCP 不成功", Toast.
LENGTH_SHORT).show();
            e.printStackTrace();
        }
    }
}

public void tct_init()
    {
        try {   //创建 TCP 通信 Socket
            InetAddress serverAddr = InetAddress.getByName(edit0.getText
().toString());
            s = new Socket(serverAddr, 6806);
            //创建接收线程
            myThread newthread = new myThread();
            newthread.start();
        } catch (IOException e) {
            Toast.makeText(chat.this, "TCP 初始化不成功", Toast.LENGTH_
SHORT).show();
            e.printStackTrace();
        }
    }
    private static final int UDP_SERVER_PORT = 1200;
    /** Called when the activity is first created. */
    @Override
    public void onCreate(Bundle savedInstanceState)
    {
        super.onCreate(savedInstanceState);
        setContentView(R.layout.chat);

        edit0 = (EditText)findViewById(R.id.edit0);
        edit1 = (EditText)findViewById(R.id.edit1);
```

```java
        edit2 = (EditText)findViewById(R.id.edit2);
        //edit3 = (EditText)findViewById(R.id.edit3);


 Button button1 = (Button)findViewById(R.id.button1);
button1.setOnClickListener(new View.OnClickListener(){
        // @Override
            public void onClick(View v)
            {
Toast.makeText(chat.this, "连接到服务器", Toast.LENGTH_SHORT).show();
            //初始化TCP通信
            tct_init();


        }
    });

Button button = (Button)findViewById(R.id.button2);
        button.setOnClickListener(new View.OnClickListener(){
        // @Override
          public void onClick(View v)
          {
                Toast.makeText(chat.this, "开始提交", Toast.LENGTH_SHORT).show();

                try {
                    // outgoing stream redirect to socket
                    OutputStream out = s.getOutputStream();
                    PrintWriter output = new PrintWriter(out, true);
                    String str = "用户";
                    str += edit1.getText();
                    str += "发言:\r\n            ";
                    str += edit2.getText();
                    str += "\r\n";

                    out.write(str.getBytes("GBK"));
                    out.flush();
                Toast.makeText(chat.this, "提交完成", Toast.LENGTH_SHORT).
show();
```

```
                } catch (UnknownHostException e) {

Toast.makeText(chat.this, "提交不成功", Toast.LENGTH_SHORT).show();
                    e.printStackTrace();
                } catch (IOException e) {
Toast.makeText(chat.this, "提交不成功", Toast.LENGTH_SHORT).show();
                    e.printStackTrace();
                }


        }
    });
    Button return_button = (Button)findViewById(R.id.return_button);
    return_button.setOnClickListener(new View.OnClickListener(){
      // @Override
        public void onClick(View v)
        {
            Intent intent = new Intent();
            intent.setClass(chat.this, main_menu.class);
            startActivity(intent);
        }
    });
  }
}
```

本章小结

本章着重介绍了基于Android的音乐播放器设计和基于Android聊天工具设计,通过实际项目开发,系统学习了Android平台控件的使用方法和事件处理机制。

参考文献

[1] 黄永丽,王晓,孔美云.Android 应用开发完全学习手册[M].北京:清华大学出版社,2015.

[2] 张思民.Android 应用程序设计[M].北京:清华大学出版社,2013.

[3] 朱元涛.Android 应用开发范例大全[M].北京:清华大学出版社,2015.

[4] 方欣,赵红岩.Android 程序设计教程[M].北京:电子工业出版社,2014.

[5] 吴志祥等.Android 应用开发案例教程[M].武汉:华中科技大学出版社,2015.

[6] http://blog.csdn.net/column/details/android123.html.